韩思思 —— 编著

困囚
境徒

中国纺织出版社有限公司

内 容 提 要

现实生活中，囚徒困境的隐藏逻辑无时无处不在，正是因为如此，不懂得博弈论的人不知道如何把自身利益和集体利益最大化，因而饱受困扰和折磨。本书不仅是对博弈论中经典问题的解析，更是对人类行为和社会现象的深刻洞察，对读者理解现实生活中的合作与竞争关系具有重要的启示意义。

图书在版编目（CIP）数据

囚徒困境 / 韩思思编著. -- 北京：中国纺织出版社有限公司, 2025.5. -- ISBN 978-7-5229-2301-7

Ⅰ.B84-49

中国国家版本馆CIP数据核字第2024ZU9225号

责任编辑：李 杨　责任校对：高 涵　责任印制：储志伟

中国纺织出版社有限公司出版发行
地址：北京市朝阳区百子湾东里A407号楼　邮政编码：100124
销售电话：010—67004422　传真：010—87155801
http://www.c-textilep.com
中国纺织出版社天猫旗舰店
官方微博 http://weibo.com/2119887771
天津千鹤文化传播有限公司印刷　各地新华书店经销
2025年5月第1版第1次印刷
开本：880×1230　1/32　印张：6.25
字数：108千字　定价：49.80元

凡购本书，如有缺页、倒页、脱页，由本社图书营销中心调换

前　言

人人都知道团结就是力量，但是现实生活中，大部分人又都想优先保障自身的利益，而不愿意为了集体利益牺牲个人利益。更有个别极其自私的人，哪怕明知道个人利益与集体利益不能兼顾，也会以牺牲集体利益为代价最大化个人利益。在这样的情况下，如果只有极少数人损公肥私，那么集体利益不会受到严重的危害和影响；而如果每个人都损公肥私，中饱私囊，那么集体的利益就会如同大堤长期受到白蚁的啃蚀，最终崩塌。

陷入囚徒困境的人最终常常落得悲惨的下场，出现人人皆输的局面，这样的案例屡见不鲜。例如，两个人竞争同一个职位，为了战胜对方，不惜造谣诋毁对方，最终却被他们之外的第三人捷足先登，丢失了职位。从这个意义上来看，两败俱伤的囚徒困境与"鹬蚌相争，渔翁得利"的寓言故事有着异曲同工之妙。鹬和蚌如果能够各退一步，放过对方，那么它们都能活命，而不会落入渔翁的手中。

从囚徒困境到博弈论，我们会发现博弈的终极目标在于合作共赢。当然，要想实现这个目标，就要找到利益的平衡点，这是达成共识、彼此配合、团结合作的关键所在。任何人都不能轻易背叛他人，也不能为了个人利益而牺牲集体利益，这样才能以保全集体利益为前提，实现个人利益最大化。

编著者
2024年7月

目 录

第一章　合作共赢，打破囚徒困境　001

什么叫囚徒困境 / 003
面对囚徒困境如何选择 / 007
唯有合作，才能共赢 / 011
与其以硬碰硬，不如以柔克刚 / 015

第二章　适者生存，在激烈的竞争中学会博弈　019

博弈是什么 / 021
生活中博弈随处可见 / 026
博弈是生存之道 / 029
博弈与对抗 / 035
理想与现实的博弈 / 039
以信息获胜 / 044
找到平衡点很重要 / 047

第三章 学会预判，提高博弈的胜算　053

预判是取胜的基础 / 055
始终坚持理性思考 / 057
坚持与众不同的想法 / 060
知己知彼，百战不殆 / 064
想方设法保持有利地位 / 068
发现规律，破解看似无法预判的难题 / 072

第四章 改变策略，选择最优选项赢得胜利　077

与其急功近利，不如稳中求胜 / 079
全面权衡，做出最优选择 / 081
田忌赛马的智慧 / 085
最大限度提升获胜概率 / 089
讲究诚信，遵守道德 / 092
主动让利，追求长久合作 / 098
与其空谈承诺，不如设定代价 / 101

目 录

第五章　适当让步，才能游刃有余应对各种局面　105

懂得进退，敢于取舍 / 107
顾全大局，不要拘泥于小节 / 111
四两拨千斤 / 116
见好就收，切莫得寸进尺 / 122
认清形势，灵活处事 / 126
妥协，是为了更好地进取 / 131

第六章　职场没有硝烟，博弈却异常激烈　135

无博弈，不职场 / 137
薪酬是职场博弈的焦点 / 141
提了离职，其实还有一次博弈机会 / 145
考核也是一场博弈 / 148
职场实战中，合作至关重要 / 152

第七章　婚恋中的囚徒困境　157

婚姻中夫妻发生摩擦是常事 / 159

爱情的选择题 / 163

"鲜花"为何总爱选择"牛粪" / 167

感情去与留的难题 / 171

第八章 商场如战场，博弈不停息 175

每时每刻都要关注亏损情况 / 177

不要把鸡蛋放在一个篮子里 / 180

如何分配蛋糕 / 183

价格战是激烈的博弈 / 187

参考文献 / 191

第一章

合作共赢,打破囚徒困境

面对囚徒困境,合作共赢无疑是很好的选择。遗憾的是,很多人目光短浅,为了追求自身的眼前利益,而放弃选择最佳合作策略,导致长远利益受损。为了打破这种困局,首先要达成合作协议,其次各方要在协议的约定下坚持既定的目标,并杜绝作弊现象。总之,唯有齐心协力,才能突破困境。

什么叫囚徒困境

现实的社会生活充满各种各样的逻辑陷阱，很多人一不小心就会掉入形形色色的陷阱中，陷入困境。听起来，囚徒困境这个词语十分抽象，使人误以为这个词语是博弈论理论学者创作出来哗众取宠、吸引人的眼球的，其实，这是对囚徒困境的误解。囚徒困境是真实存在的，虽然人人都知道众志成城的道理，但是每个人都难免会有私心，也常常会为了私欲而搞些小动作，以期在合作中多占点儿便宜。在群体中，如果只有极少数人这么做，对于大局并不会造成根本性的影响，可怕的是大多数人都认为自己占一点儿集体的便宜无关紧要，那将导致最终的结果不如人意。例如，在普契尼歌剧《托斯卡》中，主角就陷入了囚徒困境。

在现实生活中，囚徒困境与合作共赢恰恰相反，往往意味着两败俱伤、没有赢家的悲惨局面。显然，这与现代社会提倡的合作精神是相违背的。为此，人人都要提高合作意识，意识到合作的重要性和必要性，才能在社会生活中各自发挥所长，最大限度发挥集体的力量。

警察抓捕了两个抢劫犯，一个叫乔治，一个叫约翰。如果对他们合作抢劫的指控成立，那么他们将分别面临十年有期徒刑。但是，检察官没有充足的证据证明他们合作抢劫，根据检察官所掌握的证据，顶多能够证明他们非法持有和藏匿枪械。按照这样的罪名，只能判处他们两年徒刑。然而，检察官很清楚他们合作抢劫的罪行。最终，检察官想到了一个好办法，轻而易举地就让他们认罪了。

检察官分别审理乔治和约翰。他先对乔治说，如果乔治和约翰都不认罪，那么每个人都会获得两年徒刑，如果二人都认罪，那么会被判十年。与此同时，检察官又给了诱人的条件，他对乔治说："如果你选择先认罪，而约翰拒绝认罪，那么因为这个不利于共犯的证词，你将会被无罪释放，而他会被判十二年！"乔治怦然心动。如此看来，不管约翰是否认罪，对于乔治而言，他只要先认罪，都会比不认罪的结果好。

后来，检察官又对约翰提出了相同的条件，使约翰和乔治一样认识到主动认罪才是最好的选择。最终，他们不约而同地选择认罪，于是都被判处十年徒刑。但他们忘记了，如果他们全都拒绝认罪，那么检察官最终将会因为证据不足，而只能判处他们两年刑期。

熟悉美国认罪协商制度的读者朋友，看到这里一定会发现这个故事有认罪协商制度的影子。认罪协商是否合理暂且不论，在我们的生活中，故事中体现的博弈困境有着广泛的揭示力，也涵盖社会生活的各个方面。可以说，从普通人的社交，到国家与国家之间的战争，这种逻辑悖论随处可见，无时不在。在这种逻辑悖论的影响下，我们尽管明白要团结协作，争取利益最大化，却仍难免发生争执。

囚徒困境揭示了逻辑上的难题，正是这个逻辑难题使很多问题都陷入了无解的困境。近些年来，全世界都很关注全球气候变暖的问题，也致力于解决这个问题。但是，并非所有的国家都能做到整齐划一。总有国家会提出疑问：如果我们不遗余力地减少碳排放量，而其他国家却依然不限制碳排放量，那么我们的努力还有什么意义呢？这就像两个人在独木桥上迎面相遇，谁也不愿意避让对方，结果双方或者都掉下独木桥，或者僵持不下，谁都动弹不得。

要想真正解决难题，突破困境，双方就必须协调行动，而且任何一方都不能擅自改变决定，更不能自私地以牺牲他人的利益为代价保全自己的利益。通常情况下，要想达成合作，就要满足两个条件，一个条件是双方协商一致，另一个条件是双方都坚守约定，绝不轻易改变。与此相反的是，双方陷入囚徒困境，主要是因为彼此都没有做出决定，处于犹豫不决的状态。在真正看清了囚徒困境之后，我们会发现自己明明是为了获得利益才选择了某个选项，最终却发现这个选项并非最优，反而是那个原本以为会为自己带来损失的选项才是上上策。

面对囚徒困境如何选择

那么,一旦陷入"囚徒困境",难道就意味着绝无合作的可能吗?如果现实情况中人们永远无法摆脱这个困境,那么又要怎样解释那么多形式各异的合作呢?在现实生活中,人们每时每刻都处于博弈状态,却并非每时每刻都能保持理性,反之,很多人都是感性而又冲动的。这也就合理解释了,为何"囚徒困境"在逻辑上容易理解,但是大多数人并不会据此做出明智的选择。

要想展开合作,就必须具有充分的条件。显而易见,在现实生活中,人与人之间并非只会打一次交道,而是可能在学习、生活和工作中经常打交道,这也就意味着他们之间的博弈是很密切且频繁的。在重复性博弈中,合作变得有可能发生,但也并非一定发生。例如,两个自私的人如果只进行一次交易,那么他们往往会选择背叛对方,这将使每一方的所得少于他们合作状态下各自的所得。但是,如果双方知道彼此之间要进行一定次数的交易,那么他们的选择会有什么不同吗?事实证明，他们依然没有动机进行合作。这是因为在最后一次机会中，他们都会选择不合作。既然知道对方会在最后一次机会中背叛自己，那么他们在倒数第二次机会中也会选择背叛，以此类推，他们必然始终拒绝合作。可见，产生这种现象的原因不在于交易的次数多少，而在于参与的双方都是极其自私的，只要他们知道机会的次数，就会从第一步开始选择背叛对方。需要注意的是，这个推理是以已经知道交易具体次数为前提的。如果不知道交易将会进行多少次，那么双方也就不知道哪一次机会是最后一次机会，因而使得合作成为可能。

对于所有人而言，他们之所以做出当下的决策并且采取相应的行动，是因为他们对于未来有所预期。通常情况下，预期分为收益和风险两大类。所谓收益，顾名思义就是思考自己在采取某种做法之后将会得到怎样的好处；所谓风险，就是预期自己在采取某种做法之后，有可能面临怎样的问题。可想而知，当对收益和风险的预期不同时，个人自然会改变选择策略。例如，作为学生，若预期自己如果不好好学习，将来走上社会就没有出路，只能吃苦受累才能赚钱养活自己，那么他们很有可能改变对待学习的态度，从对学习三心二意、漫不经心，到对学习一心一意、全力以赴。再如，很多人希望在上下班的路上，能在地铁或者公交车上找到一个座位。这使得有些乘客为了争夺一个座位而争吵起来，甚至大打出手。但是，如果乘客之间原本就认识，那么他们则会谦让座位，哪怕自己辛苦一些多站几站地，也要把座位让给对方。这是因为在面对熟悉的人时，大多数人都很有礼貌，讲究礼仪，毕竟大家还有机会见面，甚至低头不见抬头见。但是，在面对陌生的人时，大家都知道彼此打交道只有这一次机会，是萍水相逢的路人，所以也就不愿意再谦让对方，更不愿意为了让对方感到满意而委屈自己。

在野蛮的时代里，两个原始人很有可能会互相攻击。在文明的时代里，人们一旦想到自己侵犯对方，会被对方报复，也会因此损害自己的声誉，那么他们就会更加慎重地约束自己的行为举止。为此，要想获得更多利益，就只能采取文明的方式，与对方建立互助合作的关系。

俗话说，唇亡齿寒。在国家与国家之间，相邻的两个国家应该建立友好的关系，而不应该彼此仇视和敌对，否则双方都会因此而蒙受损失。这是因为任何国家都不可能消灭对方，也无法让对方从自己的眼前消失，这就使得彼此之间剑拔弩张，却又要互相忍耐。可想而知，每个人都不愿意与自己不喜欢的人为邻，每个国家也不愿意与自己讨厌的国家为邻。所以，一旦相邻的国家结下死结，那么彼此都会无法全心投入地发展自身，而会在与对方的各种矛盾中错失良机。

在"囚徒困境"中，并没有绝对的好策略，任何一方都要根据另一方采用的策略，做出最优化选择。尤其是当双方在选择策略时，充分考虑到对方，给合作留下余地，那么合作就会水到渠成，使双方利益最大化。这意味着，我们不能背叛对方，也不应单纯看重现在的收益，因为我们未来还将与对方相遇，甚至合作，也因为我们尤其关心和看重自身未来的长远利益。换言之，如果看重未来，那么当下就没有所谓的最优策略，因为只有每一方都做出适当的牺牲，才能谋求双方的长远利益。

唯有合作，才能共赢

博弈论中的囚徒困境是广泛存在的，也是具有普遍意义的，还具有极强的趣味性。在理性的人类社会中，博弈论为很多活动提供了比喻的模型，透过囚徒困境的表面现象，我们将会发现这一困境产生的原因在于人与人之间彼此防范，对于他人缺乏信任的本性。从个体的角度而言，背叛他人能够最大限度保障自身的利益，但是，如果对方也恰巧选择了背叛，那么双方都会因此而承受损失，导致结果变得不如人意。

在现实生活中，囚徒困境有可能发生在各种情境之下。例如，康奈尔大学巴苏教授根据旅行过程中可能发生的情况，提出了"旅行者困境"。两个旅行者一起去一个盛产细瓷花瓶的地方旅行。在结束旅行时，他们都购买了花瓶作为纪念品，准备摆在家里观赏。在结束了长途飞行平安落地之后，他们都兴高采烈地去提取行李，结果发现花瓶摔坏了。为此，他们向航空公司索赔。

航空公司虽然知道花瓶价值约100元，但是不清楚两位旅客购买的准确价格。对于这两位旅客而言,他们无法回到旅行的地方再次购买花瓶,为此很想得到更多的赔偿。为了避免被两位旅客索要更多赔偿,航空公司请他们在0至120元的范围内写下他们购买花瓶的价格。如果他们写下的价格是相同的,那么航空公司就会按照他们所写的价格进行赔偿;如果他们写下的价格是不同的,那么航空公司就会按照两个价格中更低的价格进行赔偿,与此同时,航空公司还承诺将会奖励诚实的旅客20元,而对撒谎的旅客处以20元罚款。

对于两位旅客而言,如果能够都写下120元,那么他们就都能获得120元的赔偿,这无疑是对双方最好的选择。但是,如果第一位旅客自作聪明地写了119元,而第二位旅客写了120元,那么第一位旅客除了能够获得119元赔偿之外,还能获得额外的20元奖励,总计获得139元。在这种情况下,第二位旅客则只能得到119元,还要支付20元罚款,最终只能得到99元。但是,第二位旅客也很聪明,他想到第一位旅客有可能会写119元,因而他决定写118元,这样他就能得到138元,而第一位旅客只能得到98元。与此同时,第一位旅客设想到第二位旅客有可能写118元,因而他决定写117元……可想而知,这两位聪明绝顶的旅客最终发现价格越写越低,甚至到了哪怕加上奖励,也达不到真实价格的程度。最终,他们进入了双输的局面。

众所周知，下象棋的人都喜欢走一步看两步，甚至看三步或者四步。这是因为越是看得远，胜算也就越大。然而在这个事例中，当双方都老谋深算，看到若干步之后，那么最终双方都将陷入退无可退的绝境中。事实上，如果双方始终保持这样的绝对理性，那么只能都写0元。巴苏教授之所以提出旅行者困境，恰恰是为了提醒那些过于精明的人不要聪明反被聪明误，因为太过精明就会把自己和对方都逼入绝境。从另一个角度来看，这个案例也告诉我们，理性行为假设并非适用于所有的情境。在有些情况下，当事人彻底理性，从而计算到若干步骤之外的情形，那么反而会得出不符合现实的结果，也给双方当事人都带来不必要的损失。

我们要始终牢记，理性行为假设只是作为最基本的假设存在的，所以要理性判断，以该假设为前提进行分析得到的结论是否符合实际。从这个意义上来说，所有研究博弈理论的人都面临"旅行者困境"，这也说明"旅行者困境"并非某个人面临的困境，而是所有人面临的共同困境。

相比起囚徒困境，旅行者困境更为深刻地暴露出人自私的本性。当不知道对方的选择，而只能以理性假设去猜测对方时，人倾向于从自身利益出发，甚至为了维护自身的利益，而不惜损害他人的利益。这注定了他们与困境的博弈是不可逆转的，即他们不可能借助自身的力量掌控局势，而只能在困境中绞尽脑汁、想方设法地减小自己的损失，增大自己的利益。

在囚徒困境中，合作与背叛组成了一个矛盾体。作为旁观者，能够看到合作的利益，但是作为当事人，却有可能只看到自身的利益。从这个角度来看，陷入囚徒困境之中的人很难完全摆脱困境，以旁观者的角度看待问题、分析事态。囚徒困境之所以广泛存在，恰恰是因为人性是爱猜疑的，而且总是倾向于防范他人。实际上，在囚徒困境里，一个人要想以背叛的方式获取最大利益，那么就要以对方选择合作为必要前提条件。如果对方也选择背叛，那么双方的利益都远远小于彼此忠诚获得的利益。遗憾的是，一个人无法保证其他所有人都选择合作。

要想在社会的大环境中更好地生存，我们就要始终保持诚实的状态，为营造公开透明的社会环境贡献自己的力量。毕竟在社会生活中，只有在人人都诚实守信的前提下，不同的人才会具备不同的竞争优势。

与其以硬碰硬,不如以柔克刚

在博弈的过程中,强者未必永远都很强大,弱者也未必永远都弱小。对于那些善于谋划的人而言,以小博大或者以柔克刚绝非毫无胜算。很多人都知道田忌赛马的故事。如果总是以相同等级的马相对,那么整体上处于劣势的人注定失败。在这种情况下,只是略微调整策略,以最差的马应对对方最好的马匹,以中等的马应对对方最差的马,以最好的马应对对方中等的马,就能轻松获胜。

从这个意义上来看,在博弈的过程中,弱者不要自甘示弱,始终处于被动地位。"齿刚易折,舌柔易存。柔能克刚,弱能胜强。"其实,强大和弱小并非绝对,而是相对的概念。此外,强大和弱小还处于变化之中,而非一成不变。换言之,强大和弱小只是针对博弈的过程来说的,如果没有博弈,也就没有强大和弱小之分。在刚开始的时候,弱者的实力较差,资本较少,而且常常会面临危机。然而,绝地反击并非毫无可能。在陷入困境之中时,作为弱者,如果能够坚持做出最优选择,做出最佳决策,那么很有可能反败为胜,扭亏为盈。在中国历史上,这种事情时有发生。

在中国历史上,周文王无疑是擅长博弈的高手。他以仁慈博爱闻名,赢得了很多后人的敬重。有一天,周文王出宫狩猎,隔着老远就看到有一位白须老者坐在河边垂钓。令人惊讶的是,老者的鱼钩离开水面三尺多高。周文王忍不住上前一探究竟,这一看,他就更纳闷了。原来,老者的鱼钩是直的,而非弯钩。周文王安安静静地站在旁边观看老者钓鱼,过了很久,始终没有鱼上钩。他实在按捺不住内心的好奇,问老者:"老人家,您的鱼钩离开水面很高,而且是直的,这怎么可能钓上来鱼呢?"

老者闻言笑着说:"我不是钓鱼,我是钓人,愿者上钩。"

周文王又问:"真的有人上钩吗?"

老者收起鱼竿,转身要求周文王亲自为他驾驶马车往回走。很快,周文王就疲惫不堪,转身问老者:"走这么远行了吗?"

老者说:"久闻文王敬贤,果然名不虚传。今天你拉我八百步,我保周朝八百年。"周文王闻言还想继续拉老者,不想,老者笑着说"这是天意"。原来,这个老者就是姜子牙。姜子牙不知道应该选择商,还是选择周,因而以这种方式试探周文王是否贤明。他首先投奔了商，后来又弃商而去，选择了周。从武王灭商建周，再到秦始皇统一六国建秦，历时近八百年。

人们常说忍字头上一把刀，周文王正是靠着忍耐，以绝不反抗的"无为"应对商王大张旗鼓的"有为"。文王一回到自己的国家，就率领周人沿着渭水一路东进，攻占了商朝在渭水中游的据点崇，扫除了周人东进的障碍。在伐崇的第二年，文王对商朝已经形成压倒性优势，以小博大赢得胜利。

众所周知，以卵击石必然失败。其实，卵要想击败石头，就要用策略，以谋略获胜。在历史上，越王勾践卧薪尝胆的故事也尽人皆知。越王在被吴王囚禁之后，心甘情愿为吴王看守坟墓，还把自己的妻子交给吴王作为奴婢。他的一切行为都表明他已经无心与吴王争夺天下，而且心甘情愿成为吴王的阶下囚。正因如此，吴王才会放了勾践。勾践回到越国之后，住着茅草屋，穿着粗布衣，吃糠咽菜，和臣民一起增强国力。直到足以抗击吴国，他才一举进攻，灭了吴国。

作为卵，与其硬要与石头相碰自取灭亡，不如卧薪尝胆，发展实力，等到有足够的能力与石头抗衡时，再一举击灭对方，这才是明智之举。

第二章

适者生存,在激烈的竞争中学会博弈

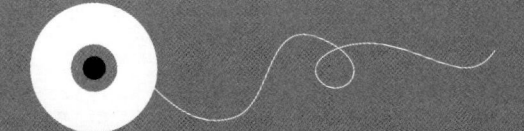

每个人生活在这个世界上,总是会遇到各种各样的博弈情况,例如,在激烈的竞争中为自己谋求生存之地,在与他人发生利益之争的时候诉诸法律,在与人交流的过程中发生争辩,等等。从某种意义上来说,这些都是博弈。每个人都想要战胜对手,但在此过程中,切勿只对得失斤斤计较,而是需要与对方斗智斗勇,进行头脑交锋。

博弈是什么

博弈指的是在一定的环境条件和约束条件下，个人、团体或者组织依靠自身所掌握的信息，同一时间或者先后，一次或者多次，从各自可能采取的策略或者做出的行为集合中，做出自己的选择，并且努力践行选择，从而获得相应的结果或者取得相应的收益。在社会生活中，博弈的现象非常普遍。博弈需要八个因素的参与，即参与人、行为、信息、策略、次序、收益、结果、均衡。

第一个因素，参与人。所谓参与人，就是博弈方，指的是在博弈中独立做出决策，并且能够承担相应的结果，以最终目标——自身利益最大化为指导决定采取什么行动的决策主体。一旦确定了博弈的规则，每个参与人在博弈中都享有平等的地位，也必须严格遵守规章制度，按照规则办事。否则，如果有人打破博弈的规则，就会使原本有秩序的博弈变得混乱，自然也就不可能达到公平公正的目的。

第二个因素，行为。行为指的是参与人一切有可能做出的策略或者采取的行动的集合。根据集合的情况不同，可以把博弈分为两类，即有限博弈和无限博弈。有限博弈以获胜为最终目的，如战争以胜负定输赢，开一家公司以盈利为最终目的，买彩票以中奖为最终目的等。相比之下，无限博弈则是以延续为目的的，如传承文化、延续生命、传递信仰、打造品牌等。可以说，有限博弈与无限博弈的本质区别在于世界观的不同，选择这两种博弈的人拥有不同的世界观，所以对于人类终极问题也会做出不同的解答。有限与无限相对应的是有限边界和无限边界，有限博弈结束于边界，而无限博弈则是需要持续努力甚至代代传承的。

第三个因素，信息。在博弈的过程中，参与人需要掌握一定的情报和知识，才有助于选择策略。博弈是双方甚至更多参与人的游戏，从这个意义上来说，要想在博弈中获胜，参与人尤其需要掌握的是其他参与人的相关情况。古人云，"知己知彼，百战不殆"，正是这个道理。其实，不仅打仗需要了解敌人，在现代社会各种形式的竞争中，要想获胜，同样需要了解对手。例如，同事之间竞争同一个职位，只有了解竞争对手，才能扬长避短，顺利胜出；在比赛中，我们除了要了解比赛的规则，还要了解对手的特点，才能战胜对手。总而言之，掌握充分的信息对于在博弈中能否获胜至关重要。

第四个因素，策略。策略也就是博弈策略，指的是可供参与人选择的一切策略或者行为的集合，也就是参与人为了保证自身利益最大化能够选择的办法。在不同的博弈中，可供选择的策略或者行为的数量是不同的，哪怕是在同一个博弈中，对于不同的参与人而言，可供选择的策略和行为的数量也是不同的，此外，内容也会有所区别。这是因为不同的参与人会在主观立场上有不同的考量，再加上客观因素的影响，才使得决策更加多样化。这也就决定了很多事情都因人而异，即使面对看似相同的环境条件，不同的参与人也会有不同的考量，做出不同的决定，获得不同的结果。

第五个因素，次序。博弈次序，就是参与者做出策略选择的顺序。在有些类型的决策活动中，有多个独立博弈方参与，因而会规定博弈方必须同时做出决策，从而最大限度保证公平合理。在有些情况下，博弈方的决策会有先后顺序，此外，博弈方还需要做出多次决策，这样就必然产生次序问题。所以，博弈必须规定次序。

第六个因素，收益。所谓收益，指的是参与人在博弈过程中做出决策后得到的利益或者结果。对于一切类型的博弈策略或者行为而言，收益都是终极目的，也是所有参与者真正关心的最终结果。对于博弈，人们主要是以比较数量关系的方式进行分析和研究的，因此大部分博弈都有能够量化的结果，也就是"得益"。研究者在分析博弈模型的时候，主要是以得益作为标准和基础展开研究的。

第七个因素，结果。结果是要素集合，也是博弈分析者感兴趣的焦点所在。

第八个因素，均衡。均衡也就是一切参与人的最优策略或者行动的组合。在博弈过程中，均衡指的是一种稳定的博弈结果，但是，并非所有的博弈结果都能实现均衡。博弈的均衡既是能够预测的，也是稳定的。

博弈必须具备上述八个因素，缺一不可。博弈论，即系统地研究不同类型的博弈问题，以各个博弈方具有有限或者充分的理性、能力为前提，寻求实现合理的策略选择和选择策略的博弈结果，并且从效率意义、经济意义等角度对这些结果进行分析的方法和理论。

在现实生活中，博弈无处不在，博弈论的运用范围非常广泛。例如，唐僧师徒一行人来到了火焰山，全都感到酷热难耐，口渴难忍。孙悟空去借芭蕉扇，剩下的人要去取水。在这种情况下，如果唐僧主动承担起裁判的职责，让猪八戒和沙和尚以石头、剪刀、布的方式一决胜负，由输掉的人去寻找水源。那么，这是不是博弈呢？从博弈的八要素来考察，就能确定。猪八戒和沙和尚是参与人，他们以石头、剪刀、布的方式一决胜负，这是博弈的规则和行为。在博弈过程中，他们还必须考虑到对手有可能出的招式，从而决定自己出什么招式。这就是依靠博弈的信息做出决策，他们的决策次序是同时，而收益和结果则是相反的，即胜者无须找水，输者负责找水。可见，这个案例包含了博弈的八个因素，是典型的博弈案例。

生活中博弈随处可见

当下,博弈尽人皆知,却少有人了解博弈真正的含义。

从词的本义来说,博弈就是游戏,确切地说,是能够分出胜负输赢的游戏。如果把博弈论直译过来,就是游戏理论,即通过游戏规则获得利益的理论体系。然而,虽然博弈是游戏,却不容小觑。在玩游戏之前,人们要熟悉和了解游戏规则。在人生之中,我们更是要学会各种世界运行的规则,学习与人相处,学习在竞争中获胜,等等。正是在此过程中,我们渐渐地心智成熟,也形成了自己的人格。所以,千万不要小瞧博弈论,当我们深入学习和透彻了解博弈论,就能更加准确地掌握各种人生规则之间相互制约与保持平衡的关系。

说起博弈论,我们自然而然地会联想到围棋。围棋起源于四千多年前,早在尧舜时期,围棋就已经问世了。围棋看似简单,实则非常复杂,时至今日,我们也未必完全了解围棋。之所以说围棋很简单,是因为围棋的棋盘是一张很简单的网格图,由纵向与横向各19条线划分而成。此外,围棋的棋子也很简单，只有黑白两色棋子。同时，围棋的规则很简单，双方轮流下棋子，哪怕是对于围棋毫不了解的新手，也能在几分钟之内学会围棋的规则与要求。与这三个方面的简单相对的是，围棋比其他任何棋类游戏都更加深奥。对于一个对围棋非常精进的人而言，只要略微用心，就能在下围棋的过程中领悟很多深刻的道理，如"非输即赢""流水不争先""平常心"等都蕴含着深刻的人生哲理，发人深省。由此可见，围棋是可以"以小见大"的，就像短小精悍的寓言故事，看似简短，实际上道理深刻。正因如此，古人才说世事如棋。

生活恰如下棋，每个人都是棋手，所作所为皆相当于在看不见的棋盘上布子。那些精于算计的棋手们会揣测他人的心思，试图牵制他人，从而赢得胜利。因此，棋局才会变幻莫测，精彩纷呈。如果用下围棋来解释博弈论，那么研究棋手们"出棋"时逻辑缜密的思考，就是博弈论的重要内容。换言之，博弈论的目的在于研究个体怎样在复杂多变且彼此影响的局面中选择最优策略，做出最合理的安排，赢得最好的结果。

博弈论的策略思维，要求我们从基本的技巧出发，争取最大限度发挥基本技巧的作用，从而使这些技巧在生活的各个领域中都得以运用，充分发挥作用。从某种意义上而言，博弈论是抽象的思维游戏，更加侧重于考察人统筹全局、逻辑思维、缜密推理等能力。

博弈是生存之道

要想在这个世界上生存并不是一件容易的事情，面对纷繁复杂的人和事，面对变幻莫测的周遭环境，每个人都要学会博弈，才能更好地生存。在现实生活中，人总是会受到各种利益的吸引，因而参与博弈，这与人天生就有赌徒的心理，也喜欢追逐利益密切相关。博弈的吸引力取决于利益的性质，参与者对博弈的关注程度，同样取决于利益的性质。

通常情况下，通过竞争得到的利益越是重要，就越是有更多的人被利益吸引，进而参与竞争，这将会直接导致竞争变得更加激烈。反之，如果通过竞争得到的利益是不值一提的，那么就很少有人被吸引参与竞争，竞争也会波澜不起，不那么激烈。例如，对于幼儿园的孩子而言，通过努力表现得比其他小朋友好，就能得到老师奖励的一朵小红花。在他们的心目中，小红花是至高无上的荣誉，是非常重要的，所以他们会积极地投身于与其他小朋友的竞争之中，为了争取得到小红花，乐此不疲地努力表现。而对于小学生而言，老师所奖励的小红花，对于他们的吸引力则没有那么大，所以很难调动起他们好好表现的积极性。在这种情况下，老师不得不设置更有吸引力的激励措施，才能激发孩子们的好胜心，让孩子们之间形成良性的竞争关系。等到孩子们长大成人，能够吸引他们的东西则又发生了变化，如更高的薪水、更好的职位、更美好的发展前景，等等。

人生在世必然要参与各种争夺，对于绝大部分人而言，争夺生存权是当务之急。一旦生存权受到威胁，感到生命岌岌可危时，大多数人都会奋起拼搏和战斗。和个人的生存权相比，国民的生存权则更加重要，为此，国家与国家之间会爆发战争，或者是为了争夺领土，或者是为了争夺利益，这是因为一切战争都密切关系到国民的生存权。有些人原本对于个人的生死看得很淡，但是一旦想到问题关系到家国命运，他们只能参与战斗。从这一点上来看，当博弈牵扯到的利益至关重要，那么博弈就会异常激烈；当参与者对博弈的利益看得至关重要，那么博弈也会异常激烈。在各种形式的博弈中，战争无疑涉及多人的生存权，因而战争往往是特别惨烈的，因为有大量人参与其中，为了维护家国的利益而殊死搏斗。

在各种形式的博弈中，参与方都是为了获得某种资源，并且以最终获得的资源最多的一方为胜，以获得的资源最少的一方为败。在这样的胜败标准下,我们可以根据竞争的资源性质,对博弈进行分类。

第一种,正和博弈。在正和博弈中,因为有丰富的资源,所以竞争的攻击性相对比较弱。当资源无限丰富时,甚至无须发生竞争,参与方只需要按需取用即可。当资源特别紧缺时,竞争就会变得更加激烈,只有胜出者才能获得更多资源。例如,对于知识的学习,参与者是无须竞争的。实际上,知识浩如烟海,一个人能学习和掌握多少知识,完全取决于自身的能力,而无需与他人争夺。

在资源不那么充足和丰富的正和博弈中,有的参与者为了占有无主资源而进行博弈,也有的参与者为了抢夺别人的资源主动攻击别人,或者为了避免被他人抢夺,保护自己的资源而进行反击。例如,石油资源是有限的,因为某个国家发现了大量石油,而某个国家则极度缺乏石油,那么缺乏石油的国家甚至会寻找各种理由和借口,与发现大量石油的国家爆发战争,终极目的就是占有稀缺的石油资源。

第二种,零和博弈。所谓零和博弈,顾名思义,是指各个参与方通过博弈获得的收益总和为零。从这个角度来看,一个人所赢的,就是另一个人所输掉的,在这种情况下,参与方是彼此对抗的,甚至是你死我活的,所以很容易引发激烈的竞争。在零和博弈中是不存在无主资源的，只能通过剥夺他人资源的方式获取资源。在这种情况下，参与方中必然有攻击者，也有被动保护资源的应战者。

在零和博弈中，失败与胜利是水火不容的关系，一个人要想赢，就要打败他人，让他人输。可以说，一个人的胜利建立在他人的失败之上，参与者之间具有强烈的竞争意识和攻击意识。要想赢得他人，我们必须时刻寻找他人的弱点和漏洞进行攻击，而他人也时刻寻找我们的弱点和漏洞，想要趁机打败我们。从这个意义上来说，零和博弈的第一要务就是稳健。

巴菲特是人尽皆知的投资经营之神，他无疑是很擅长博弈的。对于博弈，他打比方说，博弈就像打扑克牌，如果你在参与一阵子之后还不知道谁会成为这场牌局的输家，那么，你就必输无疑。不管是谁，如果想赢，就要避免输掉，而避免输掉就必须保护好自己的弱点不暴露。反之，如果想赢，就要抓住别人的弱点，伺机攻击别人。我们通常认为先发制人则赢，受制于人则输。需要注意的是，在零和博弈中，很多参与者正是在主动出击时暴露了自身的弱点，导致失败。所以必须以稳中求胜为原则，先要考虑攻击的所有环节，保证没有任何疏忽，才能在有十足把握的情况下出击。否则，一旦被别人趁机抓住弱点，反而偷鸡不成蚀把米，导致事与愿违。任何完美的攻击计划都是寓守于攻的，即先保证防守，再进行攻击。

第三种，正和常量博弈。这意味着各个参与方都将得到恒定的正值。随着正值增大，竞争的激烈程度减弱，当资源足以满足各个参与方时，则接近无限资源，各个参与方可以根据需求随意取用，而无需以竞争的方式争夺资源。当资源比较稀缺，无法满足各个参与方的总需求量时，则会引发非常激烈的竞争，这时的博弈类型接近零和博弈。

第四种，负和常量博弈。在这种类型的博弈中，各个参与方通过博弈获得的利益总和，比竞争伊始少。例如，角斗士之间的决斗是你死我活的对立，在比赛开始时，两个角斗士都是活蹦乱跳的。等到角斗结束时，则必然有一方倒下，所以出现负值。通常情况下，负值越大，博弈越难发生，当然，被强迫的情况除外，例如角斗士必须斗争。其实，各个参与方都心知肚明，一旦决定参与这种博弈，就注定要在整体上遭受损失。例如，在战场上，一个战士与一个敌人进行殊死搏斗，他们之间只能有一个人活下来，所以战斗必然是惨烈的，战斗的结果必然是至少有一个人死去。这就是对于生存权的博弈，也是各种博弈中最残忍惨烈的博弈。

第五种，变和博弈。在变和博弈中，各个参与方采取的行动决定了博弈的整体效果是正还是负。在这种类型的博弈中，会催生合作行为，因为各个参与方都希望追求整体利益最大化。在必要的情况下，他们还甘愿牺牲短期利益以追求长期利益，甘愿牺牲个人利益以获得更大的整体利益。

博弈与对抗

从本质上来说,博弈就是一场对抗。然而在激烈而又残酷的博弈中,各个参与方都会认识到,只有选择合作,构建合作的团体,才能在博弈中取胜。否则,个人势单力薄,是无法在博弈中获胜的。这就合理解释了一个奇怪的现象,即竞争压力越大,团体合作的欲望越强,凝聚力也就越强。一个国家在没有外敌入侵的情况下,民众也许会对国家有各种不满,一旦有外敌入侵,那么所有民众都会团结一心,一致对抗敌人,表现出前所未有的凝聚力和向心力。例如,在学校中,每个班级里的同学都难免会有矛盾,也会产生争执,同学们相处有小小的不愉快是正常的。但是,当以班级为单位参加校园活动时,例如在运动会中,整个班级就会变成一个整体,每个同学都会全力以赴为运动员加油,给运动员提供补给,等等。可见,只有在与其他博弈方进行强烈对抗的情况下,一个参与方内部才会出现更紧密团结协作的情况。由此可见,博弈既能培养人的对抗意识,也能培养人的合作精神。

举例而言，在世界范围内的诸多国家中，日本的国土面积很小，周围是漫无边际的大海，而且经常发生地震，刮起台风，自然环境恶劣，物资紧张。在总资源比较少的正和常量博弈中，必然引起激烈的对抗，而封闭的地理环境又使各个参与方被"关"在一起，这就更加剧了对抗的激烈程度。正因如此，日本的历史发展才表现出明显的对抗特征。在日本的战国时代，各个武士集团之间曾经爆发过激烈而又残酷的争斗，这样的争斗关系到各自集团的利益。

例如，平氏家族曾经统治日本长达数百年。后来，德川家族打败了平氏家族，杀死了平氏家族的所有人，不分男女老少，甚至包括母亲腹中的胎儿。对于那些侥幸逃走的极少数人，德川家族也将其抓住杀死。这与日本刚烈的武士道精神互为表里，武士要么成功，要么失败被杀死，后来即使未被敌方杀死也要剖腹自杀。这是因为日本的武士没有退路可言。

我们不难想象日本强烈对抗的博弈结果多么惨烈，也正是因为受到不成功就成仁的武士道精神的影响，日本人才会形成强烈的归属感，也才会形成效忠团体的意识。在残酷激烈的博弈中，任何人都不可能只依靠自身的力量存活，而必须把自己融入团队之中，依靠团队的力量才能求得生存。

在博弈过程中获得的利益，有些与博弈没有直接关联，有些则产生自博弈本身。例如，通过战争获取的利益，在各种类型的比赛中获得的奖品或者奖金等，都与博弈毫无关系。如果把这些附加的利益排除在外，博弈就会呈现出直接的竞争目标，这就是判断博弈胜负的标准。

在战争中，如果不能对敌人赶尽杀绝，那么就要判断当战争进展到一定程度时，哪一方依然保有作战能力，这是因为保有作战能力的一方将会获胜。

换一个角度来看，要想赢得战争，就要想方设法削弱对方的力量。这里可以采取的博弈技巧很多，例如：采取以攻心为上的策略，打击敌人的士气，削弱敌人的战斗力；以"擒贼先擒王"为原则，奇袭敌人的作战指挥部，使敌军失去指挥的首脑，如同没头苍蝇一样丧失战斗力；还可以彻底切断敌人的运输线，使敌人不能获得补给，因而忍饥挨饿，缺少弹药，战斗力急速减弱；还可以硬碰硬，与敌人展开正面战斗；即使调动主要兵力与敌人殊死搏斗，也要保留预备队，这是因为当战争进入你死我活的阶段，哪一方拥有更强大的后备力量，哪一方就更容易获胜。需要注意的是，预备队切勿过早地投入战斗，因为战争最终的胜负取决于战斗力的强弱。

实际上，对于战争而言，战斗力的强弱才是判断的金标准，至于其他通过战争获得的利益，则与博弈没有直接关系，都是附加利益。面对博弈，如果考虑的因素太多，就会患得患失，分散注意力，使人不能集中全力投入博弈之中，反而会降低胜算。只有彻底忘记博弈之外的一切其他事情，只牢记博弈的标准，带着平常心投入博弈之中，我们才能在博弈中发挥出最佳水平。

实际上，对于一盘棋而言，不管最终棋局的胜负是会决定生死，还是没有任何奖励和惩罚，计算胜负的标准都是相同的。胜负的意义都是后来赋予的，和博弈本身毫无关系，也不会影响胜负。例如，在运动场上，每一个运动员都会竭尽全力发挥自己的最高水平，哪怕比赛无关国家和个人的荣誉；在手术台上，每一位医生都会拼尽全力抢救患者的生命，那一刻，他们根本不会想到自己能够得到什么，又承担着怎样的风险。古今中外，在各个领域中做出出色成绩的人，都是特别纯粹的人，他们不会被外物干扰，而是专心致志地做好自己的事情。这才是博弈者该有的姿态和状态。

理想与现实的博弈

在现实生活中，理想的博弈是很罕见的，甚至可以说根本不存在。这是因为人总是受到自身的种种限制，即使面对简单的竞争局面，也有可能使博弈变得不再标准。例如，人会思虑不周全，会犯一些常见的错误，会受到主观意识的影响等。

以用硬币博弈为简单的例子，规则是猜硬币的正反面。其中一个人盖住硬币，让另一个人猜测硬币哪一面朝上。如果猜对，就能赢得一元钱。如果猜错，就要输掉一元钱。在这个极其简单的博弈中，一方必须猜中对方将会呈现哪一面，另一方则不能被对方猜出自己将要呈现哪一面，这样才能赢得胜利。猜测者一旦预先知道对方将会呈现出硬币的哪一面，那么他就能轻轻松松地猜对。反之，如果负责遮挡硬币的人预先知道猜测者将会猜出哪一面，那么他就可以反其道而行，故意把相反的一面朝上。如此一来，从猜测者的角度来说，预先猜测对方要呈现哪一面是主动出击，而掩饰自己的心思，避免被对方预先知道自己会猜测哪一面，则是防守。

只要深入分析就会知道，在这场博弈的过程中，猜测者必须通过认真细致的观察，捕捉遮挡硬币者呈现硬币的规律，从而利用规律预估遮挡硬币者接下来将会呈现硬币的哪一面。对于遮挡硬币者而言，为了避免被猜测者猜中，则要尽量打破规律，让硬币的呈现混乱无序，否则猜测者就会根据规律有的放矢地猜测，提高猜测的正确性。

在博弈的过程中，遮挡硬币者应该以防守为主。有一个简单可行的办法打破规律，即随机给出正面或者反面。与此同时，还要保证正面和反面出现的概率大致相同。否则，如果正面或者反面出现的概率更大，那么猜测者可以利用这一点实现赢得多输得少的目的。反过来看，猜测者给出正面和反面的选项也应该保持大致相同的频率，且混乱无序，这样遮挡硬币者才无法揣测其意图。

从博弈理论的角度出发，我们可把博弈分为三类。

第一类，使用某种策略，使一方能赢；第二类，使用某种策略，使某一方不输；第三类，既不能保证一方肯定赢，也不能保证另一方绝对输。毫无疑问，猜硬币博弈存在使某一方保证不输的方法，即上述的随机法。由此可知，在这种博弈中，不存在任何方法能够保证赢，因为这种保证赢的方法与不输的方法彼此矛盾。

在博弈中，如果任何一方采取这种策略，并且严防死守，那么对方将无计可施，不管进行多少次博弈，都注定只能得到接近平局的结果。这是因为对于零和博弈而言，平局原本就是两分的结果。但是，采取随机策略也是需要付出代价的，虽然能出现不输的局面，却也相当于彻底放弃了赢的可能性。换言之，哪怕对方以明显的规律行动，结果也依然是平局。这是因为严防死守的一方虽然没有暴露任何弱点给对方，却也没有机会从对方的漏洞中获得好处。

可见，这种博弈非常有趣，即任何参与方都可以单方面地采取行动，从而保证竞争始终是平局。要想打破平局，就可以先以随机的方式呈现硬币的任意一面，维持平局，与此同时，尽量寻找对方呈现硬币的规律，加以利用。这就仿佛是在战争中选择固守阵地，躲藏在坚固的堡垒后面密切观察敌人的动态，一旦发现敌人露出破绽，就马上伺机进攻。从战术的角度来说，这个招式是"以静制动"的绝佳运用。

需要注意的是，如果两个参与方都采取保守策略，那么博弈将始终保持平局。要想打破这种平衡状态，必须有一方率先走出藏身的堡垒，按照某种规律呈现硬币的某一面，这样才能引诱对方走出堡垒。至此，一场真正的斗智斗勇的博弈才拉开帷幕。

其实，率先走出堡垒的一方并没有实际的损失，只是打破平衡罢了。在这种情况下，一方处于防守状态，一方处于进攻状态，而实际上，表面上正在防守的一方采取了进攻的姿态，因为他看似无动于衷，实际上是静观其变，试图通过观察发现对手呈现硬币的规律。拨开迷雾，我们会发现故意呈现规律的一方，则是在设计诱惑对方走出堡垒，用自己刻意呈现的规律，使对方也呈现规律。

在这场博弈中，如果双方都很理性，也互相了解，那么主动诱惑敌人的那一方就会知道，自己只要走出某种规律，对方就会发现。同样的道理，对方也很清楚，自己只要走出堡垒，同样会被发现。这意味着双方都无法保持规律，否则必然被对方加以利用，因而最终还是会选择随机。他们在几种模式中灵活转换和自由切换，使得整个博弈保持平衡。

那么，如果参与博弈双方的理性并不均等，而是一个聪明，一个愚笨呢？聪明人可以利用愚笨者的规律获胜，或者故意引诱愚笨者呈现出一定的规律，这个过程相当于是在训练愚笨者。记住，这个方法对于聪明的对手决不适用。

由此可见，如果把理想博弈和现实博弈进行比较，那么就会发现现实博弈有更明显的规律性，也许是出于偏好，也许是因为被训练或者是被利用。参与者中较弱一方的水平，决定了规律是简单还是复杂，也决定了规律持续的时间。换言之，参与者中较弱一方的水平越高，则规律越是复杂，且持续的时间越短。反之，参与者中较弱一方的水平越低，则规律越是简单，且持续的时间越长。当参与双方都很理性，那么博弈中甚至没有规律可以利用。现实生活中，很多打牌、下棋或者是打麻将的老手，在与新手博弈时，往往会被新手无厘头的举动弄得莫名其妙，这是因为新手不懂得博弈，所以随心所欲，反而歪打正着打破了老手所熟悉的规律，甚至赢了老手。反之，老手之间博弈，则要花费很久的时间才能思考下一步棋应该怎么走，下一张牌应该怎么出。

以信息获胜

以参与者了解博弈局面的程度作为标准,博弈可以分为信息不完美博弈和信息完美博弈。在博弈过程中,如果所有参与方都能掌握其他参与方的相关情况,那么这种博弈就是信息完美博弈。例如,在下棋的过程中,双方对于棋盘上的局面都是一清二楚、一目了然的,所有的信息都是公开透明的,所以下棋是信息完美博弈。但是,与下棋的博弈形式不同的是,在打牌或者打麻将的过程中,我们只能看到自己手里的牌,而不知道别人手里的牌,这样一来,我们处于对其他参与方丝毫不了解的情况下,这就是信息不完美博弈。

在现实生活中,有很多博弈都是信息不完美博弈。例如,在战场上,我们固然了解己方的兵力情况,对于敌人的兵力部署等情况却完全不了解,只能靠着猜测、推理和谍战截取对方的情报,从而大概得知对方的情况。然而,因为敌我双方都在尽量释放烟幕弹迷惑对方,以掩藏自己的真实意图,所以信息依然处于很封闭的状态。在这种情况下,指战员的决策过程就是典型的信息不完美博弈。任何指战员都知道，在制订战略计划的过程中，如果能够得到一些关于敌军的有用情报，那么就可以有针对性地制订作战计划，从而大大提升作战胜利的可能性。为此，在战争时期，谍报系统才会那么发达，侦察兵的作用才会凸显出来。

在博弈过程中，试探和发信号最能体现信息不完美博弈的特点。在信息完美的博弈中，根本不存在试探和发信号的现象。只有在信息不完美的情况下，参与方才会感到一头雾水，无法做出明智理性的决策。在这种情况下，试探和发信号成为在博弈中获胜的关键举措。

例如，在战争中，很多经验丰富的指战员会在正式进攻前进行试探性进攻，借此机会了解敌人的相关情况，从而为开展正式进攻做好准备。很多牌技高超的老手，在打牌的过程中，也会做出各种举措，试探其他参与者的牌力情况。

和试探相比，发信号无疑是更为高明的举措。当有多方参与博弈时，各个参与方之间也许会用发信号的方式进行交流，沟通信息。要想读懂这些信号，就必须了解信号的规则。例如，谍战片中很多地下工作者会相互约定信号，以备在被敌人监视的情况下传递信息之用。为此，有各种各样的密码和暗号。有些战争之所以能险中求胜，以小博大，恰恰是因为获得了至关重要的情报。

在对博弈状态进行分析时，如果不能直接掌握清晰的信息源，就需要煞费苦心地捕捉蛛丝马迹，再把各种零散琐碎的信息整合起来进行分析，这样才能不断地缩小范围，让推理变得越来越明晰和准确。

那么，如果根据已经掌握的信息，只能判断出现某种情况的概率更大，而出现某种情况的概率相对较小，又该如何呢？

在信息不完美博弈中，我们的当务之急是判断博弈的态势，既要争取获得更加充分的信息，也要充分利用这些信息做出推理和判断。有些打牌高手能够清楚地记得自己出过哪些牌，也知道对手出过哪些牌，因而能大概算出各个参与者手里还剩下些什么牌，从而判断出根据自己的牌力如何运筹帷幄赢得胜利。例如，在打麻将时，如果一个人出了六筒，那么基本可以断定他没有四筒和五筒，或者七筒和八筒，也没有另一张六筒。否则他出了六筒，就相当于破牌了。真正牌艺高超的人，都是擅长算牌的。

总之，信息不会原原本本地呈现出来供我们按需取用，我们必须拥有火眼金睛，甄别复杂的、良莠不齐的、真假难辨的信息，才能运用信息在博弈中获胜。

找到平衡点很重要

2001年，电影《美丽心灵》上映，这部电影一经问世就赢得了很多观众的喜爱，还获得了多项大奖。这是因为这部影片，以及这部影片的人物原型，都深深地撼动了人们的心灵。

《美丽心灵》以数学天才约翰·纳什传奇的一生为原型，展现了他于1994年获得诺贝尔经济学奖的高光时刻，也展现了他在患上妄想型精神分裂症长达三十多年后，居然奇迹般恢复正常的人生历程。其实，约翰·纳什不但是数学天才，对于非合作博弈论也提出了重要的观点，使人们对于市场和竞争的看法彻底改变。

纳什于1950年、1951年分别发表了两篇与非合作博弈论有关的重要论文。在这两篇论文中，他证明了非合作博弈，以及非合作博弈的均衡解，还证明了举世闻名的纳什均衡，也就是均衡解的存在性。由此，纳什深刻揭示了经济均衡与博弈均衡的内在联系。纳什的研究为现代非合作博弈论奠定了坚实的基石。

纳什均衡指的是一个不会让人感到后悔的结果,即不管别人如何去做,所有参与方都很满意自己采取的策略。在纳什均衡中,他人的策略未必让你感到满意,但是你坚信自己采取的策略是应对对手策略的最优策略。在纳什均衡中,各个参与方始终坚定不移地相信自己无法改变对手的行动,而且绝不会选择合作。

举个例子,年轻的男孩喜欢上美丽的女孩,但他不确定女孩的心意,生怕自己主动表白会被拒绝。思来想去,他决定不表白。而女孩其实也暗暗喜欢男孩很久了,但是她从未捕捉到男孩喜欢她的爱意表现,所以不确定男孩的心思,很怕自己表白被拒绝,又担心男孩即使接受自己的表白,也并非真的喜欢自己。出于多方面考虑,女孩也决定不表白。就这样,男孩和女孩谁也不愿意先表白,他们隐藏对对方的喜欢和爱意,把对方当成普通朋友相处。他们又都不约而同地认为,先表白的不管是被拒绝还是被接受,都会在爱情里处于被动,而被表白的不管是选择拒绝还是选择接受,都占据主动和优势。最终,漫长的几年过去,他们却还在原地踏步。

这就是典型的纳什均衡现象。在爱情里,男孩和女孩都选择隐藏真实的心意,对爱情秘而不宣,等待着对方表白,结果他们就在这样的状态下度过了宝贵的几年,眼睁睁地与爱情失之交臂。他们都不愿意选择合作，都以退缩的态度保护自己，可以说是过于精明和算计，也可以说是缺乏勇气的表现。但是，最终的结果都是一样的，即他们错失了爱情。

其实，纳什均衡现象存在于现实生活中的各个领域。例如，在行业内部，不同的企业会选择保持相似的价格水平，而很少有企业会打破行业中约定俗成的规矩，让自己的产品以超低价格售出。这是因为一旦打破行业的价格水平，出现了突破性的超低价格，那么整个行业的利润都将大打折扣。当一个企业以超低价格抢占市场，其他企业就会出现销量大幅下滑的情况，使得产品严重积压，现金流转出现严重问题。在这种情况下，其他企业也必然跟风降价促销，最终整个行业陷入恶性循环的状态，除了消费者能够以超低价格购买产品之外，所有销售产品的企业都成为输家。随着这种情况延续的时间越来越长，消费者也终将承受损失，这是因为企业既然不能赚取足够的利润维持生产和经营，那么必然会从源头上偷工减料，降低产品的品质，最终消费者买到手的是劣质产品，因而在这个失去平衡的状态下，没有人成为真正的赢家。由此可见，保持纳什均衡在经济领域其实是非常重要的，能够营造良性的竞争环境，也给企业、消费者提供更好的生存空间。

实际上，纳什均衡的思想很简单，即当博弈达到纳什均衡的状态时，局中的所有参与者都无法通过单方面改变自己的策略获得更多的收益。为此，所有参与者为了实现自身利益的最大化，必须选择某种最优策略，从而与对手之间实现暂时平衡。反过来说，在纳什均衡中，在对方确定策略的情况下，所有参与者都认为自己选择了最优策略，因而不愿意先改变或者变动自己的策略。

在博弈过程中，实现纳什均衡的关键是哪怕处于对抗条件下，双方也可以通过要求和威胁对方的方式，寻求双方都能接受的解决方案，而不会因为各自追求利益而不能妥协，甚至导致两败俱伤的最糟糕结果。由此可见，稳定的均衡点是以找到各自的"占优策略"为基础的，换言之，不管双方做出怎样的选择，这一策略始终优于其他任何策略。

纳什均衡为我们揭示了博弈中的对局形式，即在博弈中，任何一方先改变策略，都不可能因此得到好处。从这个意义上来说，纳什均衡状态是市场力量彼此作用达成的稳定局面。从另一个角度进行阐述，即在纳什均衡状态下，如果所有人都不改变策略，那么某个参与者的策略就是最优的，因为一旦他单独改变策略，他的收益就会降低。所以在纳什均衡点上，所有理性的参与者都不会产生单独改变策略的冲动想法。

但是，如果有至少两个纳什均衡点，那么结果就会变幻莫测。对于所有参与者而言,这将会是麻烦事,因为他们无法预料后果,因而会踌躇不定,不知道该如何进行进一步的行动。而此时要想改变困局,就需要我们运用博弈思维进行分析。

第三章

学会预判,提高博弈的胜算

要想在博弈中胜出,就要学会预判。预判是至关重要的能力,即根据已经掌握的各种信息,通过观察对方的策略和行动,预测对方接下来将采取什么行动,并且以这样的预测作为依据,为自己制定行动方针。预判要坚持三思而后行的原则,才能慎之又慎。

预判是取胜的基础

要战胜对手,首先需要了解对手,而了解对手的最好方式,就是站在对方的立场上进行预判。博弈必然是双方的,在博弈的过程中,学会站在对方的立场上思考问题,这对于获胜是至关重要的。

现代社会处处都有博弈,人人都要面对博弈。一个博弈高手不会只站在自己的角度和立场上思考问题,而是会考虑对方如何思考和决定行动。当然,预判要以对方和我们一样竭尽全力为前提。因为参与博弈的人都想方设法让局势朝着有利于自己的方向发展,而不想让局势朝着有利于对手的方向发展。

随着博弈论的发展,越来越多的人认识到预判之于博弈的重要性。现实生活中,很多情况下都需要做出预判。而从某种意义上来说,博弈是这样一种情境:一个参与方对另一方进行预判,并且预判到对方也对他进行了预判,以及对方会对他预判到对方的预判也进行预判……而对方也同样如此。这么说很像是在说绕口令,却揭示了博弈的真相,就是无限度把思考往前推，从而使得先人一步变成先人两步甚至是三步。现实生活中，预判很常见，例如，我们每天都要观看的天气预报就是对天气情况进行预判，此外还有地震预判、股市预判，以及对于国际形势的预判，对于行业走势的预判，等等。即使只是排队购买烤鸭，我们也会预判哪条队伍会行进得更快一些。如果预判正确，我们就能节省一些时间；如果预判错误，我们就需要花费更多时间排队。吵架的时候，我们甚至需要预判对方下一句说什么，怎样才能怼得对方哑口无言。在谈判的时候，我们更是需要预判对方的底线是什么，从而在不突破对方底线的情况下最大限度争取自己的利益。高考填报志愿时，我们需要预判哪个专业将来进入社会更受欢迎，更好找工作，也有更好的发展前景，等等。总而言之，所有人每分每秒都生活在预判中，都需要判断当前一秒的结果，预想下一秒的发展。

即使放眼全世界，我们也需要针对一些涉及全人类共同利益和未来命运的事件进行预判。例如，在疫情暴发时期，很多专家和学者都根据病毒传播的特点以及传播的情况，研制各种模型进行预判，并提出相应的对策。总之，参与博弈的各方只有准确预判，才能获得自己想要的结果。

始终坚持理性思考

在最为激烈和残忍的生存博弈中,人们在互动的行为模式下,开展策略选择。每个人的决策都并非孤立存在的,而是与对手的决策彼此依赖、相互影响。所以,作为博弈的参与者,切勿把对手看成是不会做出反应的被动方,否则必然在博弈中犯错,也面临失败的结局。当然,在这个过程中还要保持理性思考,万万不可盲目随大流。

假设在一百个人组成的学生群体中,每到周末,每个人都要决定是留在宿舍看书,还是去阅览室里看书。看书需要安静的环境,因而出于理性,每个学生都希望在人少的阅览室看书。如果所有参与者之间没有交流,只能将以前周末去阅览室的人数作为参考信息,最终确定本周末行动采取怎样的策略,且阅览室的空间或者座位是有限的,那么此时博弈就发生了。

我们假设阅览室可以容纳60人。如果某个学生预测去阅览室的人数将会超过60人,那么他就会选择留在宿舍里看书,而不去阅览室里凑热闹。但是，如果很多人都和他一样预测去阅览室的人数超过60人，因而都选择留在宿舍里看书，那么阅览室里的人数就会远少于60人，由此一来，他们的预测就是错误的。反之，如果绝大多数人都预测去阅览室的人少于60人，因而决定去阅览室看书，那么就会导致阅览室的人数远超60人，为此，他们的预测也会是错误的。由此可见，一个人要想正确地预测阅览室的人数，就应该知道其他人是如何预测阅览室人数的。遗憾的是，所有人并没有互相交换信息，不知道别人如何作出预测，而都是根据此前周末阅览室里的人数作出预测的，所以几乎不存在正确的预测。

这其实是典型的酒吧博弈。1994年，美国学者阿瑟从两个渠道进行了两种预测，一种渠道是通过真实人群进行预测，另一种渠道是以计算机模拟的方式进行预测，最终发现两种渠道的预测都是以归纳法进行的。其实，现实生活中也有这样的典型案例。例如，在经过一年的大蒜价格高涨之后，次年会有很多农民选择种植大蒜，因而大蒜的价格会出现跳水现象。在经过一年的绿豆涨价之后，次年也会有很多农民选择种植豆类，因而导致豆类价格出现回落。由于没有办法预先进行统计，所以只能任由市场进行价格调节，而农民也只能通过自身的归纳预判选择来年种植哪些作物。

酒吧博弈告诉我们，在很多行动中，人们都会预测他人的行动，但是没有得到充分的信息作为依据，所以只能通过分析历史的方式预测未来。一般情况下，人们的确可以以过去的经验为依据进行归纳，最终决定采取相应的策略。但这样的预测缺乏准确性，人们常说的"计划赶不上变化"正是基于这一点。在人们的认知中，归纳的方法不具备绝对合理性，这使得人们运用归纳的方法预测行动缺乏合理性。要想提高预测的合理性，就要在预测中建立合理的学习机制。换言之，哪怕做出错误的预测也没关系，但是要采取有效的办法改进预测，从而争取在下一次预测中提高正确率。

坚持与众不同的想法

1997年，瑞士弗里堡大学教授张翼成提出了少数人博弈的概念。所谓少数人博弈，指的是以不考虑道德因素为前提，研究决策人如何做出决策的模型。少数人博弈起源于阿瑟提出的酒吧博弈，是一种有限资源下的复杂性竞争系统。在金融市场里，少数人博弈是有效的工具，可以用于研究经济个体之间既彼此竞争又相互协作的复杂行为。生活在社会群体中，很多决策人都面临两种选择，如果选择极少人选择的选项，他们就将获益；反之，如果选择较多人选择的选项，他们就将失利。例如，在酒吧博弈中，如果决策者能够选择少数人选择的选项，那么不管是去阅览室，还是留在宿舍，他们都将获得好处。反之，如果决策者选择多数人选择的选项，那么不管是去阅览室，还是留在宿舍，他们都将失利。

这显然有悖于真理掌握在多数人手中的常识，这里跟随少数人做出选择反而是更加明智的。从本质上来说，少数人博弈只是改变了问题的形式。举个简单的例子，股票市场就是典型的少数人博弈。例如，当大多数股民都在抛售股票时，而你却选择买入股票，那么你买入股票的价格一定是低的，日后股价再涨时你必然成为赢家。反之，当少数人出售股票，而大多数人都在购入股票时，那么你作为少数抛售股票的人，一定能卖出较高的价格，所以你必然获利。偏偏很多人都习惯于跟风买进或者卖出，殊不知，当绝大多数人都决定做出某个举动时，则绝大多数人都不太可能获益。

在人潮涌动的大城市，很多人都为高峰期的堵车问题而感到烦恼，尤其是出租车司机，一旦在高峰期载客，就很有可能被堵在某条道路上。在这种情况下，少数人博弈就派上了用场。只有充分运用少数人博弈，才能选择人少车少的道路顺畅通行。我们不妨假设司机在高峰期有两条路线可以选择，其中一条路距离短一些，但是堵车严重，而另一条路虽然距离略长，但是比较畅通。老司机往往宁愿绕远一些，也要选择通畅的道路，而不愿意在堵车的道路上心急如焚。

现代社会，有很多软件都可以用来查看路况，所以大多数人都能提前预知道路情况。这虽然给很多人带来了便利，却也产生了一定的负面作用。例如，在查看导航软件时，司机明明看到某条道路很通畅，但是当他花费一定的时间终于来到某条道路上时，却发现道路拥挤。原来，很多人都不约而同地看到这条道路通畅，因而选择了这条道路，所以在一段时间之后，道路难免变得拥挤。这就提醒司机在选择道路时，不但要考虑自己如何做出选择，还要考虑其他司机会如何做出选择。在选择道路的少数人博弈中，很多司机是经过多次选择和反复学习，才积累了真正有用的经验，发现了导航软件未必每次都能起到预期效果，最终做到尽量选到最快的路线。

选择的过程中，除了受到路况和经验等因素的影响外，还受到司机本身性格的影响。例如，有些司机喜欢冒险，明知道某条道路拥堵，却寄希望于大家都选择了其他道路，因而反其道而行，宁愿选择拥堵道路赌一把；有些司机追求稳妥，宁愿绕远，也要选择目前看来畅通的道路，寄希望于自己能够在大家都赶去那条道路上之前通过；有的司机仗着经验丰富，两条道路都不选择，而是选择从偏僻的小路上穿行，从而避开拥堵路段；有些司机是新手，坚持按照导航走，对于导航特别信任。在博弈中，不同的参与者即使面对相同的情况，也会因为自身的性格不同，而做出不同的选择，进而收获不同的结果。

但有一点毋庸置疑，即少数人博弈的情况随时随地都在发生变化，所以参与者必须随机应变，结合各种变化的因素及时调整策略，才能选择最优策略。需要注意的是，哪怕一次、两次甚至三次都选择失误也没关系，因为少数人博弈原本就是要面临很多未知风险因素的，一旦做出决策，我们就要坦然接受结果，而没有必要患得患失。俗话说，不经历无以为经验，所有人的成长都是以亲身经历为基础的。在犹豫不决的时候，我们要选择相信自己的判断，坚定不移地走好自己选择的道路。

知己知彼，百战不殆

古人云，知己知彼，百战不殆。这句话的意思是说，只有透彻地了解自身和敌人的情况，才能战胜敌人。这句话出自《孙子兵法》，向我们揭示了作战获胜的奥秘。其实，这句话还有下文，即"不知彼而知己，一胜一负；不知彼不知己，每战必殆"。通过这句话，我们知道作战的前提和基础是知。所谓知，既包括了解自己，也包括了解对手和敌人。如果在不了解敌人的情况下就糊涂莽撞地投入战斗，那么，如果了解自己，还有可能与敌人打成平手，如果连自己也不了解，那么每次战斗必然处于败局。

仅知道自己和敌人的基本情况尚不足够，还要全面了解、详细了解。所谓全面、详细，指的是面面俱到地深入了解所有的情况，诸如敌军和我军的资源储备情况、天气情况，以及地理环境和友军情况等。作战讲究天时地利人和，缺一不可，正是这个道理。

那么，在深入了解自己和敌人的全面情况之后，还要知道哪些内容呢？还要了解克敌制胜之道。战争活动是有规律可循的，也有很多技巧和方法可以使用。如果总是盲目地与敌人以硬碰硬，或者是直接打响正面遭遇战，那么就会暴露自身的弱点和不足，被敌人抓住把柄。这显然是我们不愿意看到的情况。所以，一定要在了解敌人的基础上思考如何才能战胜敌人，并且结合各个方面的情况和因素，提高胜利的把握。当然，不管采取怎样的招式和方法克敌制胜，都要以了解敌我双方的情况为前提，也要遵循战争的规律，认识作战的理论与实践之间的关系，才能让理论结合实践，发挥强大的力量。

除了要知己知彼外，我们还要学会理性地看待对方，站在对方的立场上考虑对方的需求，也设身处地地为对方着想。拥有对手是博弈的前提，一个人是不可能进行博弈的，因为博弈不是独角戏。为此，所有博弈者都要认识到博弈的社会属性，也要深刻意识到所谓博弈就是与充满智慧、富有理性的人斗智斗勇。这意味着所有参与博弈的人都必须殚精竭虑，都必须绞尽脑汁，都必须拼尽全力。一般模型中参与博弈的人符合"经济人假设"，即坚持利己的前提。毋庸置疑，利己指的是追求自己的利益，满足自身的需求。所有参与博弈的人终极目标就是利己。但在某些类型的博弈中，我们还要提供利益给对方，

065

以满足对方的需求。这么做不是损害自身的利益,而是在更长的时间中寻求共赢。

因此,只要用心观察和认真思考,人们就会发现博弈并非全都意味着你死我活。在很多情况下,博弈论最终的结果是皆大欢喜的,因为所有参与者都采取合作的态度,坚持合作的精神,实现了整体利益最大化。在整体利益面前,他们甚至甘愿放弃个人的利益,或者放弃眼前的暂时利益,这正是博弈的独特魅力所在。此外,博弈的参与者并不一定是纯粹的利己主义者,而有可能是充满爱心且坚持理性的人。正因如此,在面对博弈的复杂情况和各种变数时,他们才能始终坚定不移地执行自己的策略,不会为了追求短期利益或者是个人利益而影响大局。很多博弈者都是有大局观的,他们深知没有大家就没有小家的道理,也深知自己必须依托平台才能有更好的发展和成长。

在博弈的过程中,双方不但会预测对方的下一步会怎样做,甚至会预测对方接下来很多步会怎么做。此外,他们不仅预测对方,而且预测对方在预测他们的接下来行动后将会采取的策略和举动。走一步看三步,正是他们的真实写照。

总之,博弈是以理性利己的思考作为大前提的,除非是在你死我活的博弈中,否则博弈的目标是使参与博弈的各方都能获得利益。不可否认的是,参与博弈的双方都是非常聪明的,所以他们深知要站在对方的角度上思考问题的道理,而能够比对方多想一步的人,便能够在博弈中略胜一筹,占据优势。

想方设法保持有利地位

对于充满理性的博弈者而言，如果总是反复揣度和猜测对方的真实用意，那么在持续预判的过程中，很有可能进入误区，犯自以为是的错误。为了打破这样的僵局，博弈者必须使用多种多样的手段，在必要的情况下还要彻底颠覆预判的结果，这样才能让自己始终保持优势，略胜对方一筹。

博弈论应该解决的一个重要问题是，一旦预判发现结果不利于自己，如何彻底颠覆这个结果。预判只是博弈的初级基础，所以并不能真正决定最终的结果。博弈是非常微妙的，也常常会因为一些不值一提的小事情而导致结果大不相同。为了在博弈中胜人一筹，博弈者必须考虑在预判之后做出怎样的决策，采取怎样的行动。相比起初级预判，这样的预判显然是更为高级的，能够使人把目光放得更加长远，对于情况的分析也更加全面且深刻。

和传统的博弈论不同，现代博弈论致力于增加博弈者的收益。那么，如何实现这一点呢？即以约定合作与惩罚的方式。

从这一点不难看出，那些运用博弈论试图获胜的人并不是单纯的利己主义者，他们明确意识到必须让博弈双方都增加获利，才能实现双赢，获得最好的结果。这样的思考方法完全符合博弈论的思考原则，而且是具有战略意义和前瞻性的。毕竟对于当今的时代而言，在全世界范围内，合作共赢已经成为大势所趋，一个人或者一个团体、一个组织，即使能力再强，也不可能只靠着自己单打独斗就赢得胜利。

要想改变博弈的形式，我们首先要做的就是进行谈判。要知道，在博弈的过程中，并非只有我们正在想方设法地增加利益，博弈的对手也怀有同样的想法和目的。所以，哪怕你提议进行合作或者惩罚，对方也会进行预判，提出与你进行谈判的建议，因为唯有达成共识，合作共赢，各方才能如愿以偿地增加利益。

当然，在谈判的过程中，情势是瞬息万变的，有的时候，仅凭着一句富有深刻含义的话，谈判的形式就会立马转变，谈判双方获得的利益也会随之发生变化。其实，很多研究者进行过多次相关的实验，发现在博弈的游戏中，所有参与者都很看重公平的原则。中国有句古话叫作"不患寡而患不均"，也是人们重视公平性的体现。然而，那些胆大妄为，为了追求自身利益最大化而不惜采取非常规手段的人，很有可能在博弈中威胁对方。例如，警告对方："如果你不愿意配合，那么我会在一开始就打破规则，这样你的利益就将大大受损。"

此外，在谈判的过程中，我们切勿一开始就抱着针锋相对的态度，而是要认清一个事实，即与无所作为相比，努力争取至少有可能得到更好的结果。以这样的原则指导谈判，我们就会尽力朝着好的方向努力。尤其是在双方都抱着这样的想法时，谈判成功的概率就将大大增加。需要注意的是，不管面对怎样的情况，也不管具体的情况对自身多么有利，我们始终都要戒掉贪心。俗话说，人心不足蛇吞象。即使是在对自己有利的情况下与他人博弈，我们也要遵循见好就收的原则，在不撕破脸皮的限度内为自己争取利益，切勿让对方尴尬，或者下不来台，否则对方一旦抛弃促成合作的想法，转为鱼死网破的决绝，那么结局就会很难预料。

运用博弈论解决问题时，我们还必须牢记博弈论尽管是数学的新分支，但是它并非如同大多数数学题一样只有唯一的正确答案。在博弈论的领域中，答案不是唯一的，在某些情况下，答案也许会有若干个。这意味着博弈论作为一门学科，是很讲究多样性的。而且博弈论才刚刚开始发展，未来的发展空间还是很大的，也充满了无限的可能性。

在博弈论中，我们与他人的关系也变得更加微妙，除了在战争中要与敌人拼个你死我活，在比赛中要与对手一决高下之外，在大多数情况下，博弈论要求我们时而与对方谈判，时而与对方合作，时而威胁对方，时而引诱对方。正是因为有了对手的存在，我们在博弈中才需要慎重思考，三思而行。

发现规律，破解看似无法预判的难题

要想提升预判的正确率，就要全面充分地考虑事物的合理性。在世界上，很多危机事件都是通过预判进行化解的。我们不妨先看一个简单的案例，就会知道预判的重要性。假设正在举行一场特殊的拍卖，有一张错币的起拍价是10000元。毫无疑问，按照拍卖的规则，叫价最高的人在支付相应的金额后，就能够得到这张错币。但是在这场特殊的拍卖中，要支付自己的叫价，也就是说，他们要白白付出相应的金额。显然，这种拍卖的规则和寻常拍卖的规则是不同的。如果你也在这场拍卖会里，而且想要拍到这张错币，那么你会怎么做呢？

在最初了解拍卖规则时，你一定会抱怨连天，牢骚满腹，因为这种拍卖规则与你平日里所了解的或者参加的拍卖会的规则是不同的。但是，你实在太想得到这张错币了，为此你只能慎重考虑拍卖规则，并且思考如何才能在符合规则的前提下，尽量得到这张错币。

要想明确自己的策略和行动，你必须预判拍卖的结果。其实正确答案是不参加拍卖，放弃这张错币。做出这样的选择，你未免会感到遗憾，但是不会感到后悔。因为你只要反其道而行，计算这张错币最终会以多少价格被拍走，就会明白自己为何要选择这么做。

当你与一个人竞拍，叫价到12000元时，你未必能够以这个价格得到错币。这是因为如果对方的出价比你高，你除非继续加价，否则就将白白损失12000元。

但是，如果你继续加价，那么对方也很有可能继续加价，因为对方的目的很明确，那就是给出高于你的价格，胜过你，得到这张错币。这意味着你不可能以12000元的价格得到这张错币。那么，这张错币最终会以多少钱被拍卖走呢？事实是，只要有两个人竞价，那么假设每次加价的幅度是100元，那么对方无论如何都愿意加价100元，让你白白付出比他低100元的金额，而得不到错币。这类似于心理学中的登门槛效应。不管是你还是对方，当叫出一个价格，就会心甘情愿地增加100元战胜对方，所以这是一场无休无止的战争，也是一场永无止境的闹剧。最终，这枚错币的价格将会在一次又一次的叫价过程中水涨船高，使人骑虎难下，所以决定从一开始就不参与这场拍卖，才是最明智的选择。

因此，你很容易就能领悟出，在各种类型和形式的博弈中，很有可能发生不符合常识的情况。在这种情况下，你哪怕充分思考、周详考虑，也未必能够完全避免这些奇奇怪怪的情况发生。任何时候，我们都必须遵循博弈的规则，因为在大多数情况下，博弈的规则是固定不变的。

我们不妨设想自己正在参加一个有趣的游戏，游戏规则是你将会在繁华的上海与一个陌生人会面。你们不能事先约定见面的时间和地点，也无法以任何方式取得联系。在这样的前提下，如果你们成功会面，那么每个人都能得到一定金额的奖金。如果你们以失败而告终，那么每个人都得不到奖金。在这样的游戏规则下，你们能够成功地会面吗？

只是粗略地了解游戏规则，大多数人都会感到会面很难，毕竟上海是国际化大都市，地方大，人员多，情况复杂，所以在上海找一个素未谋面的陌生人无异于大海捞针。要知道，在这种条件下，即使找一个熟悉的人也不是容易的事情，更何况是与陌生人见面呢？其实，对于这个看似茫无头绪的问题，最关键的是预判对方将会如何寻找我们，而且，对方也会预判我们将会如何寻找他们。简言之，当双方心有灵犀不点就通时，甚至会不约而同地在相同的时间来到相同的地点，见面自然不是难事。

这就是预判的神奇作用。认识到这个关键点之后，我们的当务之急是思考对方如何预判我们的行为，我们再以此为基础预判对方的行为。美国著名的经济学家谢林，曾经对他的学生们进行过与此相似的调查问卷。在问卷里，他询问学生们如何在纽约与陌生人会面，并且给出最佳的时间和地点。结果显示，大多数学生不约而同地给出了相同的答案，即在中午十二点去纽约中央火车站等待。这是因为这些学生在提起纽约时，第一时间就想到了中央火车站，因为他们之中的绝大多数人都是搭乘火车来到中央火车站，从此与纽约结缘的。此外，中午十二点无疑是一天之中最特殊的时刻，它是一天的分界线，把一天平均分成上半天和下半天。换言之，这就是陌生人之间的默契感。只要默契感足够，哪怕是与素未谋面也没有任何联系的陌生人见面，也有可能做到心有灵犀，不约而同。后来，人们把这种陌生人之间默契地选中的时间和地点，命名为谢林点。事实证明，在适宜的实验条件下，很多陌生人都能相对容易地找到谢林点。

由此类推，很多人一提到上海，就有可能想到外滩，毕竟外滩是上海的标志性景点，因而选择中午十二点在外滩等待，也许是很明智的。再如，如果在广州见面，那么则可以选择在广州塔下等待，只要时间契合，见面就是相对容易的。很多大型城市都有独特的地标，这些地标哪怕对于非本市的人而言，也是极具代表性的，是最容易想到的。

　　从本质上而言，谢林点就是全然陌生的人在没有任何沟通的条件下形成的默契。俗话说，心有灵犀一点通。那么谢林点就是心有灵犀不点也通。由此可见，要想提高预判率，我们就要寻找到与参与博弈者的谢林点。这虽然很难，但是并非全无可能。

第四章

改变策略，选择最优选项赢得胜利

刚刚开始学习博弈论的人，难免会急功近利，一心只想赢得胜利。其实，对于初学者而言，尽量在失败中减少损失是更加重要的，这就是最小最大策略。该策略的最终目的是尽量减小自己所蒙受的损失，从而减少失败。这正是博弈论的精髓所在。因为只要实现这一点，就能增加最终的收益。收益与损失之间是此消彼长的关系。

与其急功近利，不如稳中求胜

所谓最小最大策略，就是与其一心追求胜利，不如先竭尽全力避免失败。曾经有人说，不求必胜，但求不败。在博弈的过程中，运用最小最大策略，学会把最大的损失最小化，是至关重要的。与其满心只想着怎么能赢，不如换一个角度思考问题，想着如何才能做到不输。这个想法听起来似乎有些消极，不符合现代社会的成功学理论，但实际上只要认真思考，就会发现这个策略是大有深意的。博弈的过程中，在绝大多数情况下，如果恰当地运用最小最大策略，就能明显地扭转局势，让情况变得越来越好。

在激烈的竞争中，对方想方设法地让你只能获得最小化的利益，实际上就是在运用最小最大策略。通常情况下，你也要运用最小最大策略进行反击。在很多博弈中，如果一方获胜，那么另外一方必然落败，所以大家常常使用最小最大策略进行决策。例如，在股市中，很多人都倾向于运用最小最大策略，也的确取得了不错的效果。

在有些类型的博弈中，双方的收益与损失相加是零，也就是我们常说的零和博弈。在零和博弈中，尤其适合使用最小最大策略。所以一旦意识到自己处于零和博弈状态，就可以尝试使用最小最大策略，因为这将会有效地打破困局。

面对博弈，所有参与者都会想方设法地做出最有利于自己的决策，也采取最有利于自己的行动。在零和博弈的世界里，这更是亘古不变的真理。然而，哪怕始终采取最小最大策略，任何人也都无法始终屹立于不败之地。尽管最小最大策略的确卓有成效，但是并非适用于一切情况，我们要根据实际情况灵活地做出应对。

例如，在面对爱情时，有人为了避免被伤害，索性选择不开始，只是远远地看着自己喜欢的人，既不表白，也不追求。有的人想法恰恰相反，他们认为无论如何都要勇敢地去做，哪怕表白之后被拒绝，或者相处一段时间被对方甩了，至少努力过，没有遗憾，胜过无所作为。在这样的情况下，如果运用最小最大策略，我们就会认为前一种做法是更加明智的。实际上，真正正确的做法却是后一种做法。因为对于任何事情，只有亲自去尝试，并坚持不懈地去努力，才有资格选择放弃。如果因为惧怕失败，就选择不去尝试，那么与此同时也就失去了成功的一切可能性。相比起无所作为，失败至少能够积累经验，也是有所收获的。

全面权衡，做出最优选择

认清眼下的形势，寻找占有优势的策略，才能运用最小最大策略打败对手。换言之，我们可以以"把最大损失降低到最小"为口号，只需要始终牢记这个原则，努力把最大损失降低到最小，就能掌握博弈论的核心和精髓。

面对各种问题，寻找最占优势的策略显然是很重要的。在博弈的过程中，要想分出胜负输赢，我们还可以循序渐进地瓦解双方的非最占优势策略，如此一来，就能最终凭着最占优势的策略一决高下。

要想成为博弈高手，我们一定要学会站在对方的立场上看待问题，也要从对方的需求出发考虑问题，权衡得失。这是因为当博弈者完全出于私心考虑各种问题，就会犯目光短浅的错误，进而无法从整体上统筹规划。

每个人每天都要做出很多决策，小到几点起床、早饭吃什么，大到采取何种形式与同事合作、在哪里与朋友约会、和好兄弟合伙做生意如何分利润，等等。决策不管大小，都与我们自身密切相关。需要区别的是，在做某些决策时，我们只需要对自己负责，因为决策的结果只与我们自己相关；而在做其他一些决策时，需要涉及他人，这就要求我们能够设身处地为他人着想，照顾到他人的情绪和感受，甚至影响他人的决策和行为，这就是博弈中的决策。

在进行零和博弈时，我们必须始终保持清醒的头脑，因为我们所追求的不是局部的最优解，而是全局的最优解。例如，下棋时，我们每走一步的目的不是吃掉对方最多的棋子，而是最终获得最多的所得，因此下棋的首要原则就是步步为营，注重策略，必要的时候还要以退为进，顾全大局。

在现实生活中，不管是做人还是做事，不管是做好自己还是经营公司，我们都要有大局观，在某些情况下，我们需要牺牲掉一些暂时的利益，以换取长远的结果，也需要在很多重要时刻发扬高风亮节的精神，适时妥协，这样才能让未来进展更加顺利，收获更加丰厚。

与零和博弈相对的是非零和博弈。在非零和博弈中，参与者必须先建立信任的前提，才能追求共赢的结果。毋庸置疑，建立信任是很难的，既需要一定的默契，也需要谦虚礼让的精神，还需要在各种事情上尽力协调，以大局为重，全面权衡。

举例而言，有个生产家电的厂家发现了约1000万台电视的市场需求亟待被满足，因而当即决定开始投入生产，以最快的速度产出1000万台电视投放市场。然而，世界上没有不透风的墙，很快，第二个厂家、第三个厂家……很多厂家都知道了这个消息，也当即决定快速生产电视投放市场。结果，所有知道这个消息的厂家都紧急生产了1000万台电视投放市场，仿佛在一夜之间，市场上的电视供大于求，很多厂家库存严重积压。众所周知，对于大型企业而言，库存量是有警戒线的，一旦库存产品超出警戒线，那么整个厂家的资金周转就会出现问题，甚至导致现金流通不顺。

面对这样的情况，如果得知消息的厂家能够互相协商，合理分配生产份额，例如，约定十个厂家每家生产100万台电视投放市场，那么恰巧能够满足市场需求，而且各个厂家也不会出现滞销的情况，可谓皆大欢喜。遗憾的是，这是一场信息不通的博弈。各大厂家都想抓住这个机会大赚一笔，而不愿意与其他厂家沟通和协商，更不愿意与其他厂家合理分配生产份额。为此，原本有可能皆大欢喜的局面很可能变成各方皆输的局面。

在商业领域中，各大企业之间存在竞争的关系，为了争夺有限的市场，他们八仙过海，各显神通，彼此之间互相猜忌，缺乏信任。这就决定了建立信任是很难的。当然，也有一些把生意经营很好的商家，与合作伙伴之间建立了彼此信任的关系，与竞争对手之间也始终遵守规则，保持良性竞争。具体来说，要做到以下两点。第一点，要找到值得信任的合作伙伴，远离那些与自己各种观念都不相符的合作伙伴。第二点，主动抛出橄榄枝。要想寻求合作，我们就要主动释放信号，让别人相信我们是值得信任的。以此为基础，我们再与他人达成共识，达成一致，合作自然水到渠成，而且效率倍增。

总之，要想寻求长远的合作，赢得全局的胜利，我们就要在博弈中学会站在对方的角度上全面看待问题。一旦我们养成了为他人着想的好习惯，就会因此而受益匪浅。

田忌赛马的智慧

作为齐国的大将军,田忌深得齐威王的信任和器重。每当国务没有那么繁忙时,齐威王就会邀请田忌一起跑马比赛。比赛前,他们都会下赌注,然后约定进行三场比赛,以赢得两场比赛者为胜。即使官至大将军,田忌的马也不如齐威王的马,因此,田忌几乎每次都会输掉比赛。随着输掉比赛的次数越来越多,田忌感到特别郁闷。

这天,田忌在与齐威王赛马时又输掉了,他郁郁寡欢地回到家里。孙膑看到田忌面色难看,关切地询问原因。田忌把赛马的经过讲给孙膑听,足智多谋的孙膑当即承诺田忌:"大将军,等到下次赛马时,您只要按照我说的去做,我保证您能赢得比赛。"田忌难以置信地看着孙膑,询问道:"军师果真有此神能?"孙膑微笑着对田忌说:"大将军,您看,您每次比赛都用上等马对战大王的上等马,再用中等马对抗大王的中等马,最后用下等马对抗大王的下等马。但是,您所有等级的马都比大王相应等级的马略逊一筹。在这种情况下,您必输无疑。下次比赛，您需要略微调整一下顺序。当大王派出上等马时，您只需要派出下等马应对即可。"田忌不解，问道："我派出上等马尚且得输，更何况是派出下等马呢？"孙膑又解释道："只要您派出下等马迎战大王的上等马，就能派出上等马迎战大王的中等马，再派出中等马迎战大王的下等马。这样一来，您岂不是有更大的把握赢得两场比赛吗？"田忌恍然大悟。等到再与齐威王比赛时，他采取孙膑的策略，果然轻轻松松地赢得了比赛。

对于田忌而言，和齐威王赛马，他显然没有占据优势的策略。在这样的情况下，当务之急是破坏对方的优势。对于齐威王而言，他的优势就是所有等级的马都比田忌相应等级的马略胜一筹。而孙膑建议田忌以下等马迎战齐威王的上等马，这样就以牺牲下等马的代价，彻底打破了齐威王的优势。在做到这一点之后，田忌扭转了必败的局势，赢得了比赛。

当然，并非所有博弈中都有占据优势的策略。尤其在有些博弈中，根本不存在占据优势的策略。即使面对这样的情况，我们也应该理性权衡，坚持做出正确的抉择，讲究战略战术，发挥理性的作用。实际上，在根本不存在占据优势的策略的情况下，博弈论才能大放异彩。

例如，作为棒球的击球手，你很清楚对方的投手有可能投出两种球：一种是变化球，一种是直球。对此，你提前做出了预测，认为对方将会发来直球。那么，如果对方发来的是直球，你有百分之八十的可能将其击回；如果对方发来变化球，你回击的可能性为零。当你预测对方会发来变化球时，如果对方发来的是变化球，那么你有百分之三十的可能将其击回；如果对方发来的是直球，你只有百分之十的可能性将其击回。在进行这样一番分析之后，你会发现击球手并没有占据优势的策略，所以你应该运用最小最大策略，预测对方将会发来变化球。

在博弈过程中，参与方往往会互相拆招。这既是博弈的常规手段，也是博弈的有效手段。正常情况下，我们虽然有最佳策略，却会因为对方的阻挠而无法采用最佳策略。在现实的博弈中，这种情况屡见不鲜，甚至实际的情况会变得更加复杂。作为参与方之一，当你想要采取某种做法时，对方一定会想方设法地阻挠你，这是毋庸置疑的。例如，击球手原本预测投球手会发出变化球，但是投球手偏偏发来直球，在这种情况下，击球手只有百分之十的可能性将球击落。因为投球手很清楚，如果他如同击球手所期望的那样发出变化球，那么击球手就会有百分之三十的可能性把球击回。但是，如果投球手始终发出直球，那么击球手就会改变预测，认为投球手会发出直球。在这种情况下，投球手如果打破击球手的预期发出变化球，那么击球手将球击回的可能性就是零。总之，投球手必须打破规律，让击球手的预测落空。

  由此可见，要想在博弈中获胜，必须提升见招拆招的能力，才能随机应变。在博弈的过程中，各种因素都有可能发生变化，真正的博弈就是情势瞬息万变的，因而我们要牢记各种有用的战术和技巧，才能提升博弈水平，成为博弈达人。

最大限度提升获胜概率

要想最大限度提升获胜的概率，作为博弈参与者，必须定期采取不同的行动。因为一成不变的行动会被对手总结出规律，因而掌握获胜的秘密。在博弈中，一成不变行动的行为可以称为纯策略，以固定概率呈现变化的行为称为混合策略，不管是纯策略还是混合策略，我们又可以把它们称为概率策略。在博弈中，要以每几次中就有几次采取其他做法的概率开展行动。

博弈论的精髓是，要以某种概率采取行动，从而获得更好的效果。例如，在击球手和投球手的实验中，以最小最大策略为依据，我们很容易得出结论，即击球手必须始终预测投球手即将投出直球还是变化球，进而根据预测提前做好应对的准备。一旦预测出现错误，就会导致把球击回的可能性大大降低。

让我们再看另一个例子。很多人热衷于跑马比赛，其中有些人纯粹凭着运气押中宝马，而有些人则深入钻研概率问题，争取在博弈中获胜。要想赢得跑马比赛，首先要熟悉和了解跑马场的赔率规则。通常情况下，跑马场是以马的赌注确定马的赔率的，当一匹马被押的钱很多，那么赔率就很低；反之，当一匹马被押的钱很少，那么赔率就很高。很多喜欢赌马的人并不了解下注的策略，也不了解赛马的本质是一场博弈，所以他们往往选择押最受欢迎的马。

与那些不懂赛马的人盲目跟风或者凭着喜好押马不同的是，赌马老手会选择押赔率很大且不可能赢的劣马，一旦打开下注的窗口，他们就会拿出一定的钱押中这匹马。他们做出这个举动之后，这匹马的赔率马上发生变化，也许原本的赔率是15:1，现在却因为有人押，这匹马的赔率变成了2:1。由此一来，门外汉就会被这匹马较低的倍率蒙蔽眼睛，纷纷认为这匹马真的很受欢迎，为此迫不及待地掏出钱来押中这匹劣马。在这种情况下，老手看中的好马赔率变得很高，一旦这匹好马赢得比赛，那么他此前付出的钱就能翻上很多倍回到他手中。真正的赌马高手不但预测到哪匹马能胜出，而且凭着已经掌握的很多信息实现了对全局的操控，也实现了对其他参与者的影响和带动，从而最大限度提高了自己获胜的概率和收益。

在博弈的困境中，要想最大限度提升获胜的概率，要做到以下几点。第一，要拥有明察秋毫的能力，也要能够预测未来的发展趋势，唯有如此才能提前谋篇布局，做好充分的准备，提高胜算。第二，要尊重常识。这里所说的常识，指的是对于大概率正确的事情，也就是模糊的正确，要有一定的认知和了解。第三，要脑洞大开地去尝试。正如前文所说的，真理未必总是掌握在多数人手中，很多情况下，真理掌握在少数人手中，因此哪怕与大多数人不同，我们也要坚持自己的想法和做法，更要带着尝试的心态勇敢去做，即使错了也能获取经验和教训。第四，要及时更新信息，及时调整策略，随机应变，灵活应对。对于很多事情而言，决策并非只有一次机会，而是随着事态的不断发展和变化，要接连做出决策。在博弈中，不要因为自己犯了一次错误就颓废沮丧，甚至缩手缩脚，不敢继续勇敢地尝试。在某些情况下，甚至要主动犯错，这样才能加快接近正确的速度。第五，认识人性。不管在什么类型的博弈中，归根结底都是在进行人性的博弈。我们一定要了解人性，洞察人性，这样才能了解自己，也了解对手。古人云，知己知彼，百战不殆，这就告诉我们了解人性的重要性。这个世界始终交织着人性法则和物理定律，所以这两者是同样重要的。

从某种意义上来说，博弈者与赌徒有一些相似，而博弈的过程则接近于赌博。与疯狂的赌徒不讲究策略、盲目赌博相比，我们更需要做的是学习博弈论，掌握博弈的技巧和方法，从而在博弈中争取得到更大胜算，获得更大的成功可能性。

讲究诚信，遵守道德

不管是做人还是做事，我们都要以诚信作为基本原则。尤其是在现代社会，注重构建诚信体系，因而诚信做人做事尤为重要。诚信不但是做人的准则和做事的准绳，对一个社会也至关重要，因为它能够协调人与人之间的关系，维系社会的正常运行。只有诚信做人，我们才能赢得尊严；只有诚信经商，企业才能赢得市场。在博弈中，我们同样要坚持诚信的原则，并且以此为依据决定采取怎样的博弈策略。

在有些情况下，我们置身于囚徒困境，必须与对手进行多个回合的博弈。越是如此，我们越是要恪守诚信的原则，才能获得更大的收益。前文说过，每一个参加囚徒博弈的人都要坚持"一报还一报"原则，也要依据这个原则做出最佳选择。如果把这个原则与诚信原则相结合，我们就会发现，当一个参与者恪守诚信，那么另一个参与者就会以恪守诚信的方式做出回报，在坚持诚信原则的前提下，双方才能实现合作共赢的目的。反之，如果一个参与者违背诚信原则，那么另一个参与者必然不会坚持诚信，甚至还会终止合作，导致合作破裂、两败俱伤。

所谓诚信，就是要兑现承诺，也要承担起自己的责任和义务。简言之，即言出必行，一诺千金。现实生活中，很多人都不讲究诚信，明明答应他人某件事情，却最终没有兑现；明明与他人约定好在某个时间、某个地点见面，却没有准时赴约；明明允诺要圆满地完成工作，最终不是没有如期完成，就是质量堪忧。

在他们心目中，话可以随随便便地说，事情也可以漫不经心地去做。长此以往，必然没有人愿意信任他们，更不愿意与他们进行合作。对于任何类型的人际关系而言，信守诺言都是至关重要的，所以我们要慎重地许诺，绝不要轻许诺言。

与其在许诺之后又食言，不如从一开始就慎重思考是否对他人做出承诺。我们要真切意识到，诺言一字值千金，一旦许诺就必须想方设法兑现诺言，哪怕因此而付出巨大的代价也在所不惜。

古时候，曾子是一位特别讲究诚信的人，哪怕是对孩子说出的话，他也会努力践行和兑现。有一天，妻子要去赶集，孩子吵闹着要跟着去，因而妻子对孩子说："听话，你乖乖留在家里，妈妈回来的时候杀猪给你吃肉。"听到只要留在家里等着妈妈回来就有肉吃，孩子高兴万分，从妈妈离开家，他就搬着板凳坐到院子门前，等待着妈妈回来。眼看着日落西山，妈妈还没有回来，孩子很着急。

这个时候，曾子回到家里，发现孩子一直等在门口，因而纳闷地询问。得知妻子许诺要杀猪给孩子吃肉，又看到天色渐渐晚了，曾子决定先行动起来。他把孩子叫到院子里，就开始磨刀、烧水，为杀猪做准备。正在这时，妻子回来了。看到曾子忙忙碌碌，妻子不知所以，曾子解释道："孩子说你答应他杀猪吃肉，我就先磨刀烧水了。"妻子听到曾子的话，忍不住嗔怪道："你呀，我只是随口一说，骗孩子不要闹着跟我去赶集的。咱们全家人都指望着这头猪过年呢，怎么能轻易杀掉呢？"曾子正色对妻子说："对孩子也要讲究诚信，要是这一次他发现你骗了他，未来就不会再相信你说的话，甚至他也有可能不信守诺言。将来，他如何立足人世呢？"妻子感到很羞愧，当即与曾子一起杀猪，做了香喷喷的猪肉给孩子吃。

通过曾子杀猪的故事，我们不难看出曾子的诚信。现实生活中，很多父母总是随口对孩子做出承诺，又在孩子要求兑现承诺时装聋作哑。长此以往，孩子必然对父母缺乏信任，而且还会和父母一样缺乏诚信意识，将来无法立足社会。

从某种意义上来说，失信于人无异于贬低自己。从古至今，很多人都特别看重诚信原则，也始终坚持诚信原则，因为他们深知诚信原则是人际相处的基本原则和道德规范，也是支撑社会道德的支点。

现代社会，诚信系统越来越完善，很多诚信系统崩塌的人会进入失信人名单，不但无法乘坐飞机、高铁等公共交通工具出行，还有可能影响孩子将来的前途，可见失信的代价是非常高的。即便如此，现代社会依然会出现诚信危机，这是因为坚持诚信是有成本的，当坚持诚信无法获得相对应的收益时，人们就会在巨大利益的诱惑下做出不诚信的行为。而真正讲究诚信的人，哪怕明知道要付出高于收益的代价，也依然会坚守诚信，这是因为他们在本质上是品格高尚的人。

在现代的商业社会中，很多人讲究诚信，是为了获得更多利益，这充分体现出市场经济的特点。针对商业交易，如果缺乏诚信将会提高交易成本，那么就能更好地促使人们坚持诚信。反之，如果缺乏诚信需要付出的代价很低，而得到的收益又很大，那么人们坚持诚信的动力就会减弱。

经济学家威廉姆森提出，对于利己主义者而言，他们面对交易常常表现出强烈的机会主义倾向，试图以投机取巧的方式获取私利。为此，他们有可能故意违背合同约定，不愿意履行义务，也不愿意承担责任，或者故意隐瞒某些信息欺骗对方签约等。总之，他们想方设法增加自己的利益，而削减对方的利益。正是因为有这些人的存在，各种类型的商业活动中，交易的流程才会变得越来越复杂，而交易的成本也变得越来越高。当交易成本高到一定的程度时，很多交易就没有必要开展了。由此可见，要想维持良好的市场环境，降低交易的成本，精简交易的流程，提高交易的效率，交易双方必须都讲究诚信，坚持诚信原则。

当然，维持诚信是需要成本的。例如，有些企业家哪怕投资失败，也想方设法偿还银行的欠款；有些企业家在发现产品有质量问题或者小的瑕疵时，哪怕自己承担巨大的损失，也会召回所有有问题的产品，并赔偿消费者。长此以往，他们才能赢得客户的信任，赢得合作伙伴的信任，进而在熬过困境之后发展得更加顺遂。

当博弈无限地持续下去时，"囚徒困境"的结局就绝不可能实现绝对的均衡。市场会自发地持续进行惩罚与激励，从而促使交易双方做出调整，争取以"双赢"的方式达成长期稳定的合作。当所有参与者都意识到与其等到第二次交易时再遵守规则，不如在第一次进行交易时就主动严格地遵守规则，那么就能够建立良好的社会竞争秩序和积极的市场竞争环境。总之，对于无限连续交易的博弈来说，每次交易的均衡具体体现为双方都遵守规则，坚守诚信的原则。

在无限次的重复博弈中，要想维持均衡，就必须以道德作为重要的衡量标准。在没有合适的法律法规来约束对手的情况下，我们必须学会使用道德对对手进行制约，在综合考虑道德因素的情况下，调整博弈的策略，把博弈变成多变的、长期的，这样一来，对手就有压力和动力遵守道德规范。

比起无限连续交易，有限连续交易尽管也是重复进行的，但是其交易的次数却是有限的，这就决定了每一次交易的均衡属于"囚徒困境"式的次优结局，相当于一次性交易的博弈。因为有限次数交易必定存在最后一次的交易博弈，而在最后一次博弈结束后，你与交易方就再无瓜葛，所以你无论在最后一次交易中做出怎样的行为都不会受到惩罚，也不会产生损失，更没有奖励和利益。

主动让利，追求长久合作

以博弈次数为依据进行划分，我们可以把博弈分为无限次数博弈和有限次数博弈。顾名思义，无限次数博弈指的是博弈双方会无限重复博弈行为。因为考虑到长远利益，所以博弈双方都有意向展开合作。因此，在一切类型的博弈行为中，无限次数博弈的参与者诚信度最高。但是，这种类型的博弈是极其少见的。

与无限次数博弈相对的，是有限次数博弈。在有限次数博弈中，博弈双方尽管要进行重复多次的博弈，但是博弈的次数是有限的。根据次数多少，还可以把有限次数博弈分为单次博弈、不确定次数的重复博弈和确定次数的重复博弈。单次博弈很好理解，也就是人们常说的一锤子买卖，即一次性交易。典型的单次博弈就是"囚徒困境"。在单次博弈中，参与双方唯一需要考虑的就是自身利益，而且会想方设法保证和最大化自身利益。因为只进行一次博弈，此后双方就再无瓜葛，所以他们无须担心会遭到对方的报复，因而这类博弈中经常发生钩心斗角、尔虞我诈的行为，导致诚信危机非常严重。

在确定次数的重复博弈中，博弈双方的博弈行为是确定次数的。在真正进行交易活动的过程中，这种类型的博弈很常见。需要注意的是，在这种类型的博弈中，诚信危机与在单次博弈中一样严重。这是为什么呢？实际上，确定次数的重复博弈相当于多次进行囚徒困境的选择。只要博弈双方是理性的，那么他们就会从最后一次无所顾忌的博弈向前倒推，因而在每一次博弈中都只追求自身的利益最大化。换言之，前一次博弈的结果不会影响后一次博弈的结果，所以博弈双方会把每一次博弈都当成是最后一次博弈而无所顾忌。最终，我们必须认识到，不管博弈的次数是个位数，还是两位数，又或者是三位数，总之，只要博弈次数是确定的，那么每一次博弈都相当于是在重复囚徒困境的选择。

在无限次数的博弈中，博弈双方都会讲究诚信，避免做出引起对方不满，导致合作终止的任何行为，哪怕是本性恶劣的人也会有所收敛，因为能否继续维持无限次数的博弈，将会对他们的利益产生深远的影响。可以说，他们并非因为信任对手而选择做出更好的表现，而是因为受到自身利益的驱使才做出更好的表现。

在无限次数的博弈中，博弈双方甚至会做出主动让利的行为，以维持长久稳定的合作。从某种意义上来说，这种博弈者是有大格局的，也有长远的目光，所以才会让出暂时的利益，争取长久的合作。其实，不管是做小生意，还是做大买卖，哪怕是日常生活中做小事时，都要有这样的格局和远见，才能获得更长久的发展。

现实生活中，博弈很常见。经营者与消费者之间就存在博弈关系。每到节假日，很多商场推出促销打折活动，这其实就是一种主动让利行为。然而，商场并非真的是为了让消费者得到利益，而其主要目的是促使消费者购买商品，从而自身获得长远利益。从这个意义上来说，主动让利本质上是为了获得更多利益。要想看透商家的真实用意，在博弈中获胜，捂紧钱袋子，消费者就一定要保持清醒的头脑，明确自身的需求，而不要因为很多商品的价格比平时便宜，就不管不顾地买买买。理性消费，节制消费，极简生活，都是消费者在与商家博弈的过程中应该坚持的原则和底线。

与其空谈承诺，不如设定代价

与其做出一百个承诺而不能兑现，不如真正展开一次行动。很多人都明白这个道理，但是在博弈的过程中，却往往会被空口承诺困扰，甚至因此蒙受损失。那么，为何不能轻信空口承诺呢？这是因为空口承诺除了多说几句话之外，不需要付出任何成本，因而是极其廉价的。对于博弈者而言，当空口承诺本身是符合他们利益的时，他们尚且有动机兑现承诺；反之，当空口承诺本身是违背他们利益的时，他们便会失去兑现承诺的动机和动力。

被称作圣人的孔子，有一段时间在陈国生活。后来，他离开陈国，途经蒲地。这个时候，蒲地的公叔氏正在爆发叛乱，因而把路过的孔子扣留在蒲地作为人质。孔子请求公叔氏放了他，但是公叔氏提出条件，即让孔子答应不去卫国。面对公叔氏的要求，孔子当即发誓绝对不去卫国。然而，公叔氏刚刚释放了孔子，孔子一出东门，就毫不迟疑地去了卫国。到了卫国，子贡询问孔子："对于立下的誓言，可以背叛吗？"孔子回答："那是被逼迫才立下的誓言，神灵也不会相信的。"可想而知，就连被称作圣人的孔子都能背叛誓言，更何况是普通人呢！

一切空口承诺都是不需要付出代价的，也是极其廉价的，所以是不可相信的。在博弈中，一个人必须付诸实际行动才是值得信任的，这是最基本的原则。在生活的各个领域中，这个原则广泛适用。举例而言，在恋爱时，很多女孩都特别喜欢听男孩的甜言蜜语，哪怕明知道男孩很难兑现承诺，她们也会被哄得心花怒放。实际上，越是在爱情中，女孩越是要保持理性。要知道，男孩随口说出一句海誓山盟很容易，但是要在漫长琐碎的生活中始终坚持只爱女孩一个人，而且不管面对贫穷还是疾病都不离不弃，那是很难的。爱从来不是一件容易的事情，而真正地采取实际行动把爱表现出来则是更难的。俗话说，路遥知马力，日久见人心。真正的爱情必须经得起时间的考验，两人也要能够一起面对人生的风雨坎坷。对于女孩而言，当看到男孩不只有甜言蜜语，也愿意真正为自己付出时间、精力和财力时，便可以认为男孩是展开了实际行动，是在爱情中付出了代价的，所以这样的承诺可信度更高。

现实生活中，承诺与代价的事例很常见。例如，很多学校里都试行诚信考场，即选取一定比例的学生进入诚信考场，在没有老师监考的情况下考试。为何要选择一定比例的学生呢？这是因为在全体学生范围内推广诚信考场的难度很大。虽然所有学生都会承诺在没有老师监考的情况下绝不作弊，但是一旦真的没有老师监考，学生们的表现就会令人担忧。对于学生而言，他们的自制力毕竟是有限的，他们的品德也没有高尚到不需要监考老师的程度。事实告诉我们，哪怕是在有老师监考的情况下，也依然有极少数学生会想要作弊，所以即使有老师监考，在开考之前老师也会再三强调绝对不允许作弊，并且告诉学生们作弊的严重后果以示警诫。当然，只是这么威胁是远远不够的，还要在真正抓住作弊的学生之后严惩不贷，这样才能让学生有所忌惮。从某种意义上来说，监考老师很有必要对学生进行惩罚。

那么，要选择哪些学生参加诚信考场呢？从本质上而言，这是一场博弈。学校会挑选那些平日里学习成绩和行为表现都比较好的学生，给予他们充分的信任，而这些学生也会意识到，一旦在诚信考场中作弊，就会失去老师最宝贵的信任。对于他们而言，老师的信任、他们在老师和同学面前的信誉，都是极其宝贵的财富，所以他们会谨慎考虑作弊这件事情。

在博弈中，当参与者说明代价时，首先需要考虑代价是否大到足以震慑或者阻止对方的程度，其次需要考虑可信度，因为如果对方不相信代价，也不愿意付出代价，那么就很有可能反其道而行，试探另一方的底线。只有当被威胁的参与者清楚地知道反抗的结果，并且为此感到恐惧时，他才会老实就范。问题在于，我们几乎没有可能实现理想的状况。所以这场博弈必须寻求中等风险概率，换言之，这个代价既要大到使对方有痛感，又要小到其能够承受。

第五章

适当让步,才能游刃有余应对各种局面

亚当·斯密曾经说过，在公平的市场机制下，所有个体都将做出自身利益最大化的决策，唯有如此，才能实现社会利益最大化。但是，在实践操作中，只有极少数人能够抵达金字塔尖，所以如果每个人都追求成为极少数，那么就无法实现社会利益的最大化。面对这个矛盾，深谙博弈论的人知道，真正的博弈高手要懂得进退，才能在市场机制中从容有度。

懂得进退，敢于取舍

曾经热播的电视剧《亮剑》，描绘了一种亮剑精神。在与敌人狭路相逢的时候，我们的确需要毫不犹豫地亮剑，因为逃避、退缩并不能解决问题。但是，当在生活中面对各种困局时，我们还要不假思索地亮剑吗？

在漫无边际的黑暗中，两艘船几乎同时发现了对方。一只船马上呼叫对方"请右转30度"。然而，对方对它不予理会，并没有右转30度，反而也当即提醒它"对面的船，请马上左转30度"。就这样，两只船互不相让，最终因为避让不及时而发生碰撞，各自都损失惨重。这就是博弈。两只船都不愿意做出退让，而坚持让对方避让，结果因为碰撞而两败俱伤。如果他们懂得博弈论，也能够及时避让，那么一定能够皆大欢喜，平平安安。

人们常说，狭路相逢勇者胜，其实不然。当两个人迎面相遇在独木桥上时，与其互不相让，不如主动避让。否则，双方都会因为争执而落入水中，变成落汤鸡。

有两只好斗的公鸡一起来到斗鸡场上。它们面临着两个选择，一个是避让对方，一个是与对方搏斗。首先，我们可以假设两只公鸡都不愿意让步，因而两败俱伤，那么整体的收益就是损失2。其次，我们可以假设两只公鸡中有一只公鸡选择进攻，而另一只公鸡选择退让，那么选择进攻的公鸡则赢得1，而选择后退的公鸡则损失1，这是典型的零和博弈，因为两只公鸡的收益相加为零。由此可见，第二种选择的收益比第一种选择的收益大。如果两只公鸡都选择后退，那么虽然它们都丢了面子，但是相对于博弈的对手而言，它们又都没有丢掉面子，因为对手的选择和它们相同。在囚徒困境中，博弈有唯一的均衡点，而这个均衡点是可以预测的唯一结果。在斗鸡博弈中，因为双方可以各自选择进退，所以有两个均衡点，无法预测唯一结果。

最近，小张正在四处看房，要购置房产。经过一个多月的多方比较，他终于看到了一套符合要求的二手房，因而想要与房主见面谈谈价格。小张知道，这是一场关于价格的博弈，关系到他最终需要为购买这套房子支付多少钱，为此他做好了充分的准备，设想了无数种情况，甚至为此而失眠。

果然不出小张的所料，在与房主沟通价格时，他们最终给出的价格相差五万元。要知道，这已经是各自做出努力之后的价格了，却依然相差五万。小张不由得感到忐忑，问自己："如果卖家就是不愿意再做出让步，你愿意多掏五万元买下这套房子吗？"对此，他有些犹豫，但是又不甘心因此放弃房子。因而，他暗暗决定："我愿意多掏三万元，就看卖家是否再做出最后一次让步吧。"这么想着，小张诚恳地对卖家说："我是很有诚意购买您家房子的，当然，我知道您也是很有诚意出售房子的。能够因为房子而坐在这里，是我们的缘分，我想，我很愿意再提高两万元，您看看您能不能宽容大度，再让一步。"卖家听到小张说得这么诚恳，不好意思拒绝小张的请求，只好说："既然你愿意再加两万，我也就再让两万吧，这真的已经是我的极限了。"后来，小张又增加一万元，卖家很高兴地与小张签订了买卖合同，还说小张为人爽快呢。

在这个案例中，小张原本就能多出三万元，那么他最初为何只说愿意多出两万元呢？这是因为小张懂得博弈论，也深知自己一旦一步到位增加三万元，那么如果卖家不愿意做出同样的让步，他就会非常被动，也许由此需要多花五万元才能买到房屋。

在博弈的过程中，我们未必需要始终向前，也要适时适度地学会让步和后退。例如，小张就是用以退为进的方式打动卖家，说服卖家做出让步的。博弈的情势瞬息万变，我们越是不愿意退让，咄咄逼人，反而越是容易激发起对方的逆反心理，使对方变本加厉，寸步不让。所以真正高明的博弈者知道以退为进，也知道给对方留下足够的面子，让对方主动做出让步。

顾全大局，不要拘泥于小节

在博弈中，要始终牢记远大目标，而不要为了小小的细节纠结。所谓成大事者不拘小节，正是这个道理。在斗鸡博弈中，如果参与双方的实力不相上下，那么我们很有必要猜测对手将会做出怎样的选择，也就是预判对手，然后根据预判决定自己的策略和行动，最大限度实现自身的利益。当然，在此过程中，我们也有可能被对手预判，那么就会出现聪明反被聪明误的现象。

根据博弈原理，在斗鸡博弈中，合则两利，分则两害。这意味着博弈双方如果都选择顾全大局，那么就能得到最大化利益；博弈双方如果都只顾自己的利益，那么就会导致利益受损。遗憾的是，无数事实告诉我们，很多斗鸡博弈的双方都落得了两败俱伤的下场，有的时候，还有可能以一方吞并另一方为结局。当然，最悲惨的结局是，双方都不尊重和遵守规则，最终同归于尽。

春秋初期，虞、虢这两个国家之间的故事，就是这种悲剧的最好展示。这个故事给很多后人敲响了警钟。

春秋时期，晋国南面比邻虞国和虢国。虞国和虢国都是小国，不但土地稀少，而且物资紧缺，人员也很缺乏，因此国力很弱。但是，这两个国家一直以来都与戎狄混居在一起，所以受到戎狄的影响，民风彪悍。它们世世代代都比邻而居，实力旗鼓相当，不分上下，因而尽管彼此之间虎视眈眈，却只能这样僵持着，因为谁都无法吞并对方。后来，它们被戎狄侵略，无奈只得团结起来互帮互助，共同对抗敌人，渐渐地结成了统一战线。在当时，人们不懂得博弈论，只能从现实情况出发，结合自身的实际情况做出选择。显而易见，这两个小国就经过反复斟酌和考量，寻找到了最佳均衡点。

这两个国家与周天子往来频繁且密切。虢国特别亲近周天子，曾经接替郑庄公，担任周天子的卿士职务，还在长葛之战中任职下军统帅。从本质上讲，虞国与虢国同盟是互为犄角，它们一起与周天子结交则是为寻求帮助和依靠。

尽管虞国和虢国同舟共济应对戎狄的侵略，但是他们之间的合作从本质上而言是很脆弱的，是不堪一击的。他们的合作必须以双方都具有互助精神，且彼此之间保持高度、充分的信任为前提。在这个平衡点上，只要有任何一方产生了只顾全自己的想法，就会使双方同时陷入孤立无援的危险处境之中。

更糟糕的是，如果双方不约而同地想要侵犯对方，吞并对方，那么他们必然同归于尽，双双惨败。因此，这个均衡要想继续保持下去，就不能有任何一方改变合作互助的心意，也不能有任何外来势力介入他们之间。他们就像是一个天平，保持着微妙的平衡状态，一旦有外来势力的加入，他们煞费苦心通过磨合等方式寻找到的平衡点就会失去，整个平衡状态也会被彻底打破。

糟糕的是，晋国盯上了这两个小国，视它们为到了嘴边的肥肉。虢国位于黄河南面，阻碍了晋国向中原扩展领土，为此晋献公下定决心要消灭虢国。然而，要想消灭虢国，晋国必须经过位于南部边境的虞国。要知道，虞国与虢国唇齿相依，关系密切，一旦晋国开始攻打这两个国家中的任何一个国家，就相当于同时与这两个国家开战，因此必然陷入两线作战的兵家大忌中。为此，晋献公先得想方设法地使虞国和虢国之间心生嫌隙，这样才能打破这两个国家合作共赢的博弈状态。

为此，晋献公向大臣们征求意见。大臣荀息提出了一个简便易行的方法，即让晋献公献出贵重的厚礼给虞君，从而借道虞国伐虢。晋献公舍不得向这样的小国献出贵重的厚礼，但在荀息的劝说下，最终采纳了荀息的建议。

果然如同荀息所预料的那样，虞君看到晋献公送给他的良马宝玉，马上利令智昏，答应借道给晋国。转瞬之间，虞国与虢国的合作关系彻底崩塌。这时，虞国大夫宫之奇告诉虞公"辅车相依，唇亡齿寒"，明确指出虞君答应借道给晋国攻打虢国，无异于自取灭亡。但是，虞公对此又有自己的如意算盘。他认为自己和晋国是同宗，只要依附于日渐强大的晋国，一定会获得更多的好处。事实证明，虞公打错了算盘，因为对于晋国而言，与虞国互助互济不能实现它的利益最大化，而只能得到不值一提的蝇头小利。为此，晋国最明智的做法就是吞并虞国。综合来看，虞公答应借道给晋国是大错特错。虞公急迫地出兵与晋国一起讨伐昔日的战友国，更是无异于自杀。

然而，虢国的实力并不弱，即使晋国和虞国联合起来攻打虢国，也没能如愿。

直到晋献公二十二年，虢国的实力严重削弱，晋国才再次借道虞国，讨伐虢国，最终吞并了虢国。虢公国破家亡，逃往周地。晋国在班师回朝的途中，趁着虞国毫无戒备之意，对虞国发起突然袭击，一举灭掉了虞国，虞君就这样成为了晋国的阶下囚。至此，相互依存的虞国和虢国相继灭亡，根本原因在于他们的合作不堪一击，无法承受任何外来力量的挑拨。尤其是虞公面对诱惑轻易选择背叛，而丝毫没有想到等待着他的也是国破家亡的惨局。

从唇亡齿寒这个经典故事中,我们不难看出保持均衡是至关重要的。这是因为在博弈中,唯有保持均衡状态才能牵制住各方参与者,以免让别有用心的人有机可乘。保持均衡的前提是彼此忠诚,绝不背叛对方,从而实现个体和整体的利益最大化。

四两拨千斤

在斗鸡博弈中，参与者处于对立状态，通常情况下，实力比较弱的参与者会处于劣势，占据下风。这是因为如果参与双方都采取被动的态度，那么博弈就会从对抗战变成消耗战，在这样的状态下，实力比较弱的参与方无法坚持太长的时间，最终会决定在保证自身利益的前提下做出让步，由此达到纳什均衡。相比之下，对于实力较强的一方来说，尽管具有雄厚的资本和强大的力量，但是长期的持久战同样会让他们面临杀敌一千，自损八百的窘境。毕竟谁都经不起无休止的消耗，在严重消耗的情况下，哪怕最终赢得了胜利，也有可能得不偿失。为此，实力较强的参与者在经过全面考量和综合权衡之后，也会以牺牲较小利益为代价，甚至以做出让步为代价，从而尽快结束消耗战。

当然，博弈的胶着状态只会在实力相当的斗鸡博弈中出现。在参与方实力相差悬殊的斗鸡博弈中，尽管最初二者也难免剑拔弩张，但是当弱势方意识到不能战胜对方时，就会开始转变思路，积极地寻求解决问题的办法。经济学领域中，有一句话尽人皆知，即船小好调头。这句话一针见血地指明了小体量经济体在经济博弈中的灵活性。其实，在其他领域的博弈中，这个道理也同样适用。

在历史上，党项族西夏王朝的开国皇帝李元昊，是用小本钱做大买卖的成功案例。他原本只有很少的本钱，却能在各个大国之间游刃有余，为自己和子孙后代赚取了巨额利益。

人们常说，时势造英雄，其实是有道理的。李元昊之所以能够获得成功，是因为他赶上了绝佳时机。他的对手赵匡胤重文轻武，重内轻外，因为他凭借武力，从孤儿寡母手中夺取政权，所以即使登上王位也惴惴不安，生怕有人效仿他以武力夺取政权，于是制定了本朝国策——"重文轻武，重内轻外"。他不仅轻视武备，而且还轻视外敌。他认为最大的忧患来自国家和朝廷内部，因而始终对满朝文武官员虎视眈眈。

在李元昊的父亲和祖父时代，党项族的实力很弱，一直畏惧和忌惮实力强大的宋朝，因而对于能够在边塞称王就已经感到心满意足了，根本不敢有其他野心。基于这一点，他们充分利用辽和北宋之间的战争，渔翁得利，两边讨好，得以发展壮大起来。宋朝为了让边境安定，很愿意付出一些金钱。然而，等到李元昊时代到来时，他大力主张民族独立，而全力反对向宋朝俯首称臣。

刚开始时，李元昊采取武力方式夺取财富和土地。从博弈理论的角度来说，宋朝是大国，而党项族只是很小的小族。如果以硬碰硬，那么党项族当然不是宋朝的对手，必然损失惨重。那么，李元昊究竟是凭着什么，才能以小搏大的呢？这是因为他火眼金睛，看准了宋朝的弱点，知道宋朝武备不修。

公元1038年，李元昊即位称帝，国号大夏，建都兴庆。李元昊即位之后，当即上表，要求宋朝承认大夏的独立国家地位。宋朝君臣下令革除李元昊西平王的爵位，与党项族断绝一切贸易往来，还在边境关卡张贴告示，悬赏捉拿李元昊。宋朝的举动，逼迫李元昊下定决心进攻宋朝。那时，宋军虽然在西北有三四十万的驻防兵士，但是这些兵士处于分散状态，都接受朝廷的直接指挥和管辖，所以彼此之间不愿意配合。这也是李元昊以小搏大的有利条件。

公元1040年正月，李元昊派出亲信率领部队，假装向宋金明寨部都监李士彬投降，然后得以里应外合地采取突袭战术，攻占了金明寨，俘虏了李士彬。随后，李元昊佯攻延州，引诱负责驻守庆州的石元孙和刘平率领大军援助延州。等到宋军赶到三川口时，早已经因为昼夜行军而筋疲力尽。就这样，西夏兵以逸待劳，彻底消灭了宋军万余人的部队。

公元1041年二月,李元昊再次进攻宋朝。李元昊知道宋朝将领任福求胜心切,因而先派出小股部队入寇,在与任福大军迎面赶上后,马上假装失败逃散。任福不知道李元昊阴险狡诈,当即率领数千轻骑追击李元昊。进入三川口后,宋军在路上发现很多封闭的泥盒发出声响,就将泥盒砸碎。这时,泥盒里的鸽子受惊飞出谷顶。宋军哪里知道,这些一飞冲天的鸽子正是他们进入埋伏的信号,夏军收到信号,马上发动大军剿灭宋军。

从这几场战争不难看出,李元昊胜在能够集中所有的兵力,在局部战场上占据优势,占据主动,所以才能以少胜多,以小搏大。比起李元昊的部队,宋军尽管在整体上占据优势,却被李元昊设计分散了兵力。最终,李元昊以自己的主力部队战胜宋军的分散兵力,而且充分发挥党项族作为少数民族善骑射和野战的特点,引诱宋军从无比坚固的城墙里来到野外,与党项族的骑兵开展野战。可想而知,这些策略都使李元昊极大限度地发挥了自身的优势,而削弱了宋军的优势。

在与宋朝交战的过程中,李元昊还请来了援军,即让辽国发兵,从北方牵制宋朝。可谓思虑周全,步步为营。不过,辽兴宗不愿意听从李元昊的调遣,最终与李元昊反目成仇。后来,辽兴宗亲自统领十万骑兵进攻李元昊,最终战胜了西夏兵。李元昊为了缓兵，当即派出使者向辽兴宗求和，却被辽兴宗拒绝了。无奈，李元昊只得退兵。每退兵三十里，他就派人把方圆数十里烧成一片灰烬，使辽军所到之处得不到任何物资。等到辽军已经万分疲惫、弹尽粮绝时，李元昊又故意拉长战线，最终率领大军反攻，在河曲战胜了辽军。这个时候，李元昊有了求和的资本，因而再次派出使者向辽兴宗求和，并且表示愿意把所有俘虏都还给辽兴宗。无奈之下，辽兴宗只得与西夏讲和，并且派人把此前扣押的西夏使者送还给西夏。就这样，辽与西夏之间的战斗暂时结束。

李元昊很清楚，游牧民族打仗主要靠着从敌人那里抢夺粮食，补充物资。为此，他在深知敌强我弱的情况下采取坚壁清野的策略，使对手食物短缺，得不到补给，然后借此机会进行反扑，扭转败局，等到占据优势后再与敌人讲和。对于西夏和辽而言，他们的主要目标是国力衰弱的宋朝，因而他们出于共同的目的和利益选择停战，一致对抗宋朝。

在西夏与辽开战期间，宋朝派出名臣范仲淹负责处理西北的防务工作。范仲淹认为宋朝不应该深入敌境，大举进攻。但是，西夏国经济薄弱，没有足够的粮食，还需要从宋朝进口绢帛、茶叶和瓷器等重要的物资，因而不可能彻底摆脱宋朝而独立生存。为此，范仲淹也决定对西夏实施坚壁清野的政策，从而使西夏严重消耗国力。如此一来，李元昊非但不能通过战争掠夺宋朝的财富，反而会在持久战中消耗掉西夏原本就很匮乏的物资。可以说，这是一场关乎综合实力的持久战。最终，李元昊因为处于劣势，而只得与宋言和。当然，李元昊很清楚，宋朝的赵匡胤根本不想作战。公元1044年，西夏与宋朝达成协议，每年都给西夏一定的金钱和物资，至此恢复了和平。宋朝统治者如愿以偿地过上了歌舞升平的日子，而西夏也终于争取到与宋朝和辽平等的地位。就这样，李元昊凭着微薄的本钱，成功地为自己和子孙后代谋取到一份最大的产业。

不得不说，李元昊是真正高明的博弈者，所以才能以小博大，并且获得成功。在实际博弈的过程中，我们也要认清楚形势，仔细分析各个方面的情况，做到对全局有统筹的认知，对对手有深入的了解，也有胆识有魄力，才能最终大获成功。

见好就收，切莫得寸进尺

现实生活中，有很多斗鸡博弈现象。为了能够赢得博弈，很多人都绞尽脑汁，甚至不惜与对方斗得头破血流。这是为什么呢？我们必须承认，在很多情况下，我们是冲动的、感性的，常常会为了所谓的面子问题，而不惜与对手拼个你死我活。而且在自以为赢了的时候，我们常常沾沾自喜，没有表现出该有的气度。真正的博弈高手，越是战胜了对手，越是会表现出真正的气度，所谓得饶人处且饶人，正是告诉我们不要把人逼得太急，以免兔子急了也咬人。有的时候，给他人留面子就是给自己留面子，给他人留余地，自己才能有回旋的空间。否则，对方一旦破釜沉舟，不顾后果，也许会选择把你一起拉下水，那么对你而言这样的牺牲显然是不值得的。

孙子曾经说过，穷寇莫追。这句话提醒我们，切勿逼迫那些陷入绝境的敌人，否则他们就会选择与我们拼个鱼死网破。从心理学的角度来说，陷入绝境的敌人无所顾忌，视死如归，因为对于他们而言，结果已经是最糟糕的。在这个时候受到打击,他们很可能会选择拼命,或者同归于尽。对于胜利者而言,当受到对手这样孤注一掷的抵抗,哪怕不会功亏一篑,也会大伤元气。学会见好就收,避免付出不需要付出的代价,这才是明智的选择。

日常生活中,对于那些奸佞小人,我们也要遵循同样的原则。奸佞小人做事情毫无原则和底线,最容易被逼得狗急跳墙,胡乱咬人。对于占据优势的我们而言,一定要牢记投鼠忌器的道理,才能避免无谓的伤害与牺牲。

有一家公司为员工提供免费的住所,不过因为人员越来越多,所以需要排队。只有当前员工搬走时,后面的员工才有机会入住。小马非常幸运,他才排了几年,就排到了公司的免费住所。他高高兴兴地准备搬家,不想,前任住户对他提出了要求。原来,前任住户在入住这套房子时,房子还是清水房的状态,非常简陋。考虑到有可能需要住八年、十年,前任住户就自己花了十万块钱对房子进行了装修。如今,他已经住了八年,所以提出想要两万元装修补偿。对此,小马痛痛快快地答应了,而且提前支付了两万元补偿款。

然而,就在交钥匙当天,前任住户又提出,家里有一些家具是不方便搬走的,希望小马能够照价买下来。小马很生气,他想:"原本,他装修是为了自己享受,跟我毫无关系。我考虑到自己也能住得更舒适，就答应给予两万元补偿。现在，他居然要把旧家具原价卖给我。我压根不需要他的旧家具，就算需要，我也可以去二手市场上以两三折的价格购买，我又不是冤大头。"想到这里，小马索性告诉前任住户："我认为你可以找人把装修拆走，因为我现在不想花两万元接你的盘了。"然而，前任住户不愿意退还两万元钱，毕竟他找人拆掉装修还需要花钱呢。但是，他迟迟不愿意把钥匙交给小马。小马在征得单位同意后，一气之下撬开房门，把前任房主的旧家具都搬到院子里堆着，自己则住了进去。

在这个事例中，如果说前任住户从感情角度讲可以向小马要一些补偿款，而且小马也能理解和接受，那么后来又要求把旧家具原价卖给小马，则是得寸进尺了。在得到两万元补偿后，前任住户就应该见好就收，可以把不要的旧家具送给小马处置，而不能强买强卖。毕竟房子的处置权在单位，而不在于他。这是一场原本很和谐的博弈，将会有一个圆满的结果，却因为前任住户的贪心不足而导致不愉快。

曾经有位名人说过，不在沉默中爆发，就在沉默中死亡。的确如此。生活中，很多人都和小马一样得饶人处且饶人，处处与人为善，不想与人斤斤计较，而且秉承着吃亏是福的原则为人处世。不想，博弈的对手却无底线无原则，最终把高兴的事情变得不高兴。如果小马也遇到一个与他一样通情达理的人,那么这件事情的结局就是皆大欢喜。

　　心理学上有个超限效应,就告诫我们不要超越极限,否则就会物极必反,事与愿违,导致事情的结果不如人意。在为人处世的过程中,我们对待那些奸诈小人必须做到有理、有利、有节,切勿逼迫对方做出鱼死网破的决定。对于那些讲道理有节制的人,则可以适度宽容和忍耐,相信对方也会见好就收,争取赢得好的结果。

认清形势，灵活处事

在博弈论中，斗鸡博弈是极具代表性的，也是非常典型的。在斗鸡博弈中，如果两只鸡实力相当，不分上下，那么一旦选择互不相让，同时出击，往往会导致两败俱伤的结果。在对抗状态下，当一方勇敢前进，而另一方主动后退时，才能得到均衡。如果双方都在前进，必然会以各自受伤为结局。

除了一方前进、一方后退能够达到均衡状态之外，双方各自退让一步，也是比较理想的均衡状态。只不过这种均衡状态不需要以博弈实现，而是通过同时退让实现的。在这种均衡状态下，双方都得以保全自身，无须对对方做出让步。

从某种意义上来说，参与博弈的双方都希望对方能够主动让步，从而最大限度保全自己的面子，保障自身的利益。为此，在斗鸡博弈中，双方往往不会轻易做出让步。历史上有很多类似的先例，给人留下了惨痛的教训。

春秋时期，吴国和越国两个国家的国土面积差不多大，实力也不相上下。刚开始时，吴国丝毫没有把越国放在眼里，甚至认为越国不足为敌。吴国更加看重的是楚国，因而频繁地向楚国发动进攻。

公元前506年冬，吴王阖闾任命军事家伍子胥和孙武为大将，只率领3万人的部队，千里挺进楚国的腹地，在楚境内与楚国大军进行决战。吴国军队七战七胜，击败了拥有20万大军的楚国部队，长驱直入郢都，楚国差一点儿因此亡国。吴国没有想到的是，正当他们集中主力部队与楚国决一死战时，越国却瞅准吴国内部空虚的机会，派兵攻打吴国。按照当时的形势来看，越国与吴国之间的战斗，就属于斗鸡博弈。

在吴国与越国的博弈中，吴国主动攻打楚国，越国则趁着吴国内部空虚的好机会，率领大军攻打吴国。阖闾被逼无奈，只有从楚国撤回大军，火速回国。随着吴军退守国内，越军也退回国内。至此，吴越继续保持不战不和的均衡状态。

公元前496年，越王允常去世，勾践登上王位。阖闾想到勾践刚刚登上王位，没有治理国家的经验，便抓住这个机会进攻越国，与越国展开大战。勾践先是以鱼死网破的势头冲击吴军，却被吴军击退，然后派出死囚犯挑战吴军。这些死囚犯组成了敢死队，逼近吴军阵地大喊，然后集体自杀。吴军看得瞠目结舌，越军趁此机会打败吴军。在这场战争中，越王勾践杀死了吴王阖闾。阖闾临死前叮嘱儿子夫差一定要为他报仇雪恨。此后，夫差一直在操练兵马，想要寻找机会为父亲报仇。不想，三年之后，勾践先发制人，点齐全国3万兵马攻打吴国。吴王夫差年轻气盛，在夫椒与越王勾践进行激战。吴国谋臣伍子胥狡猾奸诈，统帅灵活调度军队，最终，吴国全体将士抱着为先王复仇的决心，打败了勾践。勾践带着残余的5000人躲在会稽山里，提心吊胆地度日。

如果说吴越之间的战斗起初是旗鼓相当的斗鸡博弈，那么如今已经变成了实力悬殊的不对称博弈。在这两场博弈中，实力不相上下的吴国和越国先后主动发起进攻。根据斗鸡博弈理论，如果双方都选择进攻，那么必然都遭受损失。

然而，斗鸡博弈的关键在于设法削弱对方的实力，借此机会打击对方，从而让自己获取最大化利益。换言之，就是以最小的损失，赢得最大的利益。因此，在与吴王阖闾的大战中，勾践派出死囚去吴国的阵地前集体自杀，从而挫败了吴军的锐气，使得吴军被打败。在与夫差在夫椒激战前，吴军制订了周密的复仇计划，夫差冲锋陷阵，不怕牺牲，这有效地鼓舞了士气，使全体将士也抱着为老吴王报仇雪恨的决心浴血奋战，最终打败勾践。

如果把这两次博弈放在一起分析，我们就会发现选择主动进攻的一方先后失败，主要是因为选错了策略。在夫椒激战中，吴国占据有利的形势，而越国则表现出战败的各种迹象。此外，吴国已经打败了越国的主力部队，所以接下来不管越国采取怎样的策略应对，吴国都能轻而易举地消灭越国。而对越国而言，不管最终是选择后退还是进攻，都无法扭转国家的命运。在这种绝境中，越国唯一的希望就在于吴国能够主动退出博弈，这样越国就能得到机会喘息，渐渐恢复。这当然是很难做到的。

这个时候，越国大臣文种建议越王勾践求和。最终，文种作为使者带着厚礼去向吴王夫差求和，还转告吴王夫差，勾践愿意成为他的奴仆，听从他的差遣。夫差心高气傲，认为既然越王勾践愿意为奴，那么就相当于整个越国都归他所有。为此，他没有听从伍子胥的劝说，趁此机会彻底消灭越国，而是接受了文种带来的礼物，也提出让勾践来到吴国为奴。从此之后，夫差盯着幅员辽阔的北方，而不再把越国放在眼里。他想和晋国与齐国一决高下，争夺霸主的威名。为此，在公元前489年，吴国把战线转入北方，与齐国进行较量。为了彻底贯通向北进军的交通运输线，吴国还开凿了历史上第一条人工运河——邗沟，组建了历史上第一支海军，从水路攻打齐国的侧翼。公元前484年，夫差趁着齐国国内大乱的机会剿灭齐国十万大军。然而，经此一战，吴国的精锐也大量消耗。夫差只是得到了霸主的虚名，本国消耗巨大，国力严重亏空。

这个时候，勾践在吴国为奴三年，为了赢得吴王夫差的信任，他为老吴王看守坟墓，还替夫差尝粪便诊病。最终，越王终于回到越国。在范蠡、文种的鼎力相助下，他带领越国全体人民养精蓄锐，强大国力。公元前482年，趁着吴王夫差带领主力在黄池与晋国争霸，勾践和谋臣一致认为已经到了合适的时机，因而乘势攻入吴都。夫差率军回援却为时晚矣，不得不向越国求和。

这时，吴国与越国的实力还是不分上下的，因而勾践接受了夫差求和的请求。但是，夫差忘记了一山不容二虎，居然又去北方征战，再次给了越国可乘之机。最终，吴越之间形成了越强吴弱的"一边倒"局面。公元前475年，勾践率领大军直扑吴国的都城姑苏，把姑苏城围困三年，夫差求和不成，在勾践攻破姑苏城之际自杀身亡。自此，吴国灭亡。

在吴、越两国的博弈中，吴国几次采取主动退让的策略，哪怕已经占据绝对优势消灭越国，也依然主动退让，所以越国才有机会苟延残喘，得到恢复。对于越国而言，吴国就像是真正的绅士，既不愿意乘人之危，也不愿意把越国逼上绝路，却忘记了他与越国之间始终是你死我活的关系，最终被越国消灭。

妥协，是为了更好地进取

在斗鸡博弈中，妥协也许才是最明智的策略。那么，我们能以双方妥协作为博弈均衡点吗？当然不能。因为要想做出严格意义上的最佳策略，必须以假定对方已经选定策略作为前提，这样我们做出相应的策略选择才能获得最大收益。在斗鸡博弈中，假如一方选择做出妥协，那么对另一方而言，选择强硬反而能够获得更大的收益，反之亦然。所以，如果双方都对自己的实力有信心，且都追求自身的利益最大化，最终全都选择不合作，那么他们就陷入了"囚徒困境"。

既然要以对方选择策略为前提才能决定自己选择怎样的策略，那么如何才能保证自己肯定选择了优势策略呢？换言之，我们如何才能得知博弈对手的真正策略呢？在实际的决策过程中，博弈双方始终都要以各种方式试探对方选定了怎样的策略。实际上，在斗鸡场上，斗鸡也是根据对对手的实力预测决定自己采取什么策略的，而非根据自己的心意决定采取什么策略。这就要求博弈双方都要以反复试探的方式预估对手的实力。对于这样骑虎难下的局面，博弈论专家将其称为"协和谬误"。

20世纪60年代，英国和法国联合投资，开始研制大型超音速客机。从某种意义上来说，这是一场豪赌，研制出新型商用飞机成本极高，哪怕只是设计一个新引擎，就需要付出高达数亿美元的成本。作为公司，只能把所有的身家性命都作为赌注押上去，才能研制新型飞机，这样就能更理解为何政府会参与其中了，因为政府需要竭尽全力为本国的企业谋求更大的利益。

新型飞机的雏形很快出现了，它的设计特别豪华，而且机身很大，最重要的是速度特别快。但是，接下来的研发还必须持续投入大量的资本。然而，他们无法预测新型飞机的设计和定位是否符合市场的需求，是否能够得到市场的认可和买单。但是，如果在这个时候决定停止研制新型飞机，那么此前投入的所有成本都会付诸东流。随着研制工作不断深入，他们越来越无法下定决心停止研制新型飞机。最终，他们的确成功研制出了新型飞机，但是却发现新型飞机有很多缺点，如污染严重、油耗大、噪音大等。最终，新型飞机问世不久就惨遭淘汰，为此，英法政府蒙受了巨大损失。

在研制新型飞机的过程中，如果英法政府能及时停止研制新型飞机，那么就能够减少损失，遗憾的是，他们一直没有果断终止研制工作。后来，英国航空公司和法国航空公司不得不宣布新型飞机退出民航市场，这个举动无异于壮士断腕，是被逼无奈的选择，却也帮助他们彻底摆脱了这个无底洞。

现实生活中，这种让人叹惋的失误并不少见。当把斗鸡博弈进行演化，我们就会发现斗鸡博弈很容易变成动态博弈。所以，一旦意识到将在博弈中处于骑虎难下的困局中，我们就应该明智地决定不参与博弈。如果在博弈的过程中发现越来越骑虎难下，那么就要尽早退出，这才是明智的决策。

第六章

职场没有硝烟,博弈却异常激烈

柏拉图说:"我们静静地坐着,背对着山洞口,我们想象着身后绵延壮丽的世界,却对那个世界全然陌生。"在职场上,我们很多人都是对广阔世界一无所知的静坐者,对于我们而言,职场生涯仿佛是幽暗深邃的隧道。不可否认的是,职场关系的确错综复杂,所有身在其中的人都想避免误入歧途,因此职场博弈便诞生了。

无博弈，不职场

人们常说，有人的地方就有江湖，我们要说，职场上必然有博弈。人在职场，每时每刻都面对着复杂的人际关系，也要应对瞬息万变的各种情势。例如，人人都以为老板是很好当的，因为老板只需要对员工发号施令。其实这是对于老板角色的误解。现实中，老板不可能当光杆司令，所有老板都要依赖员工为他们创造价值，赚取利润，与此同时，老板又不能任由员工随心所欲，必须管理好关系。反过来看，员工需要依靠老板提供的平台展现自身的能力，也需要协助老板完成各种各样的工作，还要从老板那里领取薪水，因而老板离不开员工，员工也离不开老板。所以说，老板与员工之间的关系是相辅相成的，也是一种博弈的关系。

作为员工，你尽管平日里埋头苦干，但是总有某些时候需要与老板谈判。谈判的本质就是博弈，每个人都想在谈判中尽量维护自身的利益。那么，员工要采取怎样的方法与老板博弈，才能既达到自身的目的，也维护好与老板的关系呢？有些员工不讲究方式方法,态度强硬地要求老板给自己升职加薪,还以辞职威胁老板,可想而知,很有可能因此与老板处于对立局面,甚至彻底谈崩。最终,老板失去了一名还不错的员工,员工则失去了一位还算厚道的老板,这对于彼此都是一种损失。

在与老板谈判时,员工要掌握博弈的技巧和方法,从而把自己与老板之间的对立局面转化为合作共赢的局面,这样才能更长久地与老板合作,也才能让自己获得更长远的发展,得到更好的回报。

有人说,职场如同战场,其实是有一定道理的。在职场上,很多人煞费苦心,绞尽脑汁,只想做到八面玲珑。他们既想与同事搞好关系,营造良好的工作氛围,每天都心情愉快地上班,又想要迎合上司的意图,获得上司的信任和器重。不得不说,真正做到面面俱到很难,为此每个人都需要学习职场的博弈术,才能提升自己的博弈能力。

如今,中国已经进入了中小企业遍地开花的时代,这意味着关于价值和财富的竞争达到了前所未有的激烈程度,人人都想从有限的市场上分得一杯羹,人人都想要主宰和掌控自己的命运,在商业的大潮中占有一席之地。这样的局面既有好处,也有坏处。好处是,数不清的老板提供了更多的就业机会给员工选择，而数不清的员工也协助老板获得了或大或小的成功，随着老板的成功而成为公司里的元老级人物，享受公司的红利，或者见证了老板失败的创业史，自身也积累了丰富的工作经验，为再次投身于人才市场寻找新工作积累了资本。正是因为这种局面的出现，所以老板和员工的关系也变得与此前不同，呈现出新型的博弈关系，既有兼容性，又同时具备斗争性。

正如一位名人所说的，不想当将军的士兵不是好士兵，其实，在职场上，不想追求成功的职员也不是好职员。每个人都天生渴望成功，只是真正能够获得成功的人少之又少。很多人也许在天赋方面与人不相上下，在学识与能力方面也足以与其他人媲美，他们之所以没有如愿以偿获得成功，很有可能是因为他们没有掌握真正的博弈策略。古人云："工欲善其事，必先利其器。"要想进入职场平步青云，我们就要预先做好准备，学习职场博弈理论，这样才能充分发挥自身的优势，在职场上有所作为，大展宏图。

所谓的职场博弈论，从本质上来说就是"职场规则"。对于很多不懂得职场之道的人而言，职场规则仿佛暗流涌动，如同巨大的陷阱，等待着吞噬猎物。而对于懂得职场之道的人而言，他们则能够熟练地运用职场之道，左右逢源。

需要注意的是，职场规则并没有一定之规，而是需要职场人士通过不断尝试才能逐渐摸索而总结出来的。在此过程中，职场人士难免会遭遇失败，反复碰壁，甚至因此而吃足苦头，但正因如此，在职场中摸爬滚打的人才能变得越来越老练。在某种程度上，职场上奉行"适者生存"的规则，职场不会主动适应人们的需求，而需要人们改变和提升自己来适应职场。真正富有智慧的人，一定能够在职场规则中找到平衡点，从而八面玲珑地发展事业，做出成就。

薪酬是职场博弈的焦点

在职场上各种不同目的的博弈中，薪酬无疑是博弈的焦点，得到了老板和员工的共同关注和长期聚焦。从某种意义上来说，老板与员工的关系很微妙也很矛盾，却又很和谐也很一致。因为老板与员工有时候是利益共同体，例如，只有拿下一个项目，老板和员工才都有钱赚；有的时候又是利益对立的，例如，员工想要得到更高的薪水而付出更少的劳动，而老板只想以更低的薪水获得员工的高价值劳动和付出。

处于这样的矛盾博弈中，自然会有各种问题出现，也会产生不同的争论焦点。然而，所有职场人士在与老板进行博弈时，必然会围绕薪水进行选择和权衡。例如，在找工作时，面对不同老板抛出的橄榄枝，不管是目光短浅的员工还是目光长远的员工，都会考虑薪酬水平的高低。对于老板而言，面对差不多水平的人才，他们则更倾向于付出更少的薪水，希望自己的付出能够得到更大的利益。因为老板既要考虑公司的付出和收益，也要想方设法开源节流，为公司创收。毫无疑问，员工希望自己的付出能够得到相应的回报，老板希望自己的付出能够得到更大的收益。那么，在这场老板和员工参与的博弈中，究竟谁能获胜，又将以怎样的形式获胜呢？

员工要想让老板给自己加薪，就要主动提出加薪的请求。如果员工不能主动提出加薪的请求，则压根没有机会运用博弈的招数达到目的。需要注意的是，在对老板提出加薪请求时，切勿只是干巴巴地说"请您给我加薪吧"，而是要一条条地摆出请求老板加薪的理由，最好详细说明自己为公司作出了哪些贡献，也要明确提出自己期望的加薪幅度或者金额。作为高明的博弈者，一定要在提出加薪请求时，把加薪的幅度或者金额说得高于自己期望得到的幅度或者金额，因为既然是博弈，就会有讨价还价的过程，很少有老板让员工自行决定加薪多少的。

毫无疑问，这需要员工鼓足勇气，毕竟员工与老板之间的地位是不平等的。如果是提交书面材料请求加薪，那么要做好充分的准备，提供详尽的材料。如果是当面向老板提出加薪的请求，那么可以事先对着镜子反复地练习，一定要充满自信地说出超过预期的加薪幅度或者金额，而切勿被老板听出你明显底气不足，发现你只是在试探而已。很多员工在鼓起勇气提出加薪幅度或者金额时，往往会因为缺乏自信而提出较低的金额，其实这是有害无益的。因为员工提出的加薪幅度或者金额越低，老板越会认为他们的身价很低。人性是很奇怪的，大多数买主不会被标价过高的东西吓跑，却会被标价过低的东西吓跑。作为员工，我们要有信心提高自己的身价。这样一来，老板才会重新考量我们的身价，衡量我们的价值，也更公正地评价我们的工作和贡献。即使老板最终没有给到你所提出的薪水，也会因此而对你更好，如为你提供更多的工作机会，改善你的工作条件。

如果你始终不要求提高薪水，或者只要求很小幅度地提高薪水，那么你就可能会被轻视。换言之，你很有可能做着最苦最累的活儿，却没有得到该得的重视，也没有如愿以偿被重用。显而易见，这不是职场人的期待和希望。

在你与老板的博弈对局中，老板将会重新综合考察你的能力，以及你对工作的价值和意义，从而判断是否应该给你加薪，以及应该给你增加多少薪水。他们还会以思考的结论，作为与你讨价还价的依据。有时候你对自己的评价与老板对你的评价是不一致的，即心理学所说的"认知不一致"，此时你要相信自己足够优秀，也要预判老板不会固执地坚持对你的评价。大多数老板都会根据你的自我评价，综合考量你各个方面的表现，从而设法协调认知不一致。

143

然而，如果你缺乏勇气暴露这种"认知不一致"，那么在加薪的对局中，老板就会始终对你抱有不够完善的认知，你也必然因此处于下风。作为员工，我们要有勇气发表对自己的不同看法，迫使老板不得不重新认识和评价我们，也以崭新的眼光看待我们。这将会大大提高我们最终与老板达成共识的可能性，也使我们有更高的概率如愿以偿获得加薪。

当然，既然是博弈，就少不了试探。只有不断地试探老板，才能提出老板能够承受且愿意接受的加薪数目。需要注意的是，切勿脱离实际情况提出过高的要求，否则老板非但不会同意我们的要求，还有可能辞掉好高骛远的我们，这就弄巧成拙了。总而言之，要想与老板博弈，必须把握好分寸，切勿狮子大开口，导致事与愿违。

提了离职，其实还有一次博弈机会

在跳槽时，员工同样面临着博弈。跳槽跳得好，有可能让薪水大幅度增长，甚至翻倍；跳槽跳得不好，则会给我们带来很大的损害，使我们面临找工作难的困境，或者赋闲在家很长时间，或者导致薪水大打折扣。

跳槽一定要选择合适的时机，一旦选择了错误的时机，跳槽就会让我们处于被动状态，承担很多未知的或者不可预料的风险。那么，我们应该怎样判断跳槽的风险呢？这就需要运用博弈论全面衡量，综合判断。

小王在一家公司从事财务工作，每个月的薪水是12000元。因为各种原因，他动起了跳槽的心思，因而开始瞒着公司在人才市场上投递简历。经过一段时间的双向选择，最终另一家公司愿意以15000元的月薪聘请小王，小王也向原公司提交了辞职申请。这个时候，第一家公司有两种选择。第一种选择，任由小王跳槽到第二家公司，赚取15000元薪水。第二种选择，给小王涨薪，试图挽留小王。

实际上，当小王产生跳槽的想法时，第一家公司与小王之间的信息就不对称了。显而易见，小王掌握的信息是更加全面且充分的。当小王表达辞职意向时，原公司首先要想到有没有人能够接替小王的财务工作。如果有人能够接替小王的工作，那么他们很有可能拒绝给小王涨薪水，也不想挽留小王，或者他们挽留小王的诚意很小，不愿意为了挽留小王付出更高的代价。如果没有人能够接替小王的工作，则意味着小王一旦辞职，那么公司里的相关工作就会在一段时间内陷入混乱状态，甚至影响公司的正常运营。在这种情况下，原公司会付出极大的诚意挽留小王，也会试图更大幅度地给小王涨薪水。

那么，当原公司极具诚意地挽留小王时，其实并不知道新公司愿意支付多少薪水给小王。他们给出的薪水如果高于新公司的薪水，小王也许会选择留下；他们给出的薪水如果依然低于新公司的薪水，小王也许会选择辞职。原公司还有一种选择，那就是询问小王新公司愿意给他多少薪水，从而根据新公司的薪水对小王的薪水做出相应调整。如果小王如实汇报新公司的薪水，那么原公司的应对会更容易；如果小王故意把新公司的薪水说得比较高，那么原公司的应对就会更加被动。当然，小王也不能无限度地说高新公司的薪水，否则就会让原公司彻底放弃挽留他的念头，这对于他而言当然是一种损失。

面对跳槽问题，不管是员工还是公司，都会从自身的利益出发，最终做出最有利于自身的选择。所谓最有利于自身的选择，未必只有薪酬高低这个选项，而是会综合很多其他因素。例如，公司会考虑到换一个新人接替工作带来的诸多不便，也会考虑培养新人所需要付出的成本；员工会考虑换到一家新公司面对陌生的同事、上司有诸多不便，也会想到自己继续留任会有更深的资历，也有更好的晋升通道等。

不管公司和员工做出怎样的选择，他们都只有在博弈的过程中找到了纳什均衡，才能做出终极决策。

囚徒困境

考核也是一场博弈

为了提高员工的工作能力，增强员工的职业素养，保证员工的工作效率，很多公司都制定了各种制度，以多样的形式对员工进行考核。考核员工的本质也是一种博弈。在职场上，人力资源的一项重要工作，就是进行绩效考核。通常情况下，人力资源工作者总是希望各个部门和员工都能提供客观且公正的原始资料，以便他们对员工进行考核。但是，这种期望在现实的工作中很难得到满足。这是因为绩效考核的运作模式，通常与员工的个人收入直接挂钩，为此所有员工都有高估工作绩效的倾向，这样才能获得个人的最大化利益。那么，人力资源工作者能否把希望寄托在员工的主管人员身上呢？遗憾的是，主管人员客观公正评价员工工作表现的希望同样微乎其微。大多数主管人员都很清楚，要关起门来解决问题，如私底下批评员工，而很少会把员工的问题扩大化，除非万不得已，绝不上升到公司层面去解决，这是为了保护员工的积极性，也是为了与员工建立良好的上下级关系，赢得员工的信任与合作。可以说，部门主管的这种行为从某种意义上来说纵容了员工，使员工有恃无恐地犯一些小小的错误。

对于人力资源部门而言，如果收到的各部门的原始资料是不值得参考的，或者是没有参考价值的，那么就相当于他们在考核管理工作中的权力制衡作用被削减，是不利于企业和员工发展的。很多企业都采取上对下的评估方式，而这种评估方式的弊端是，主管权力过大，员工彻底失去了考核权力，因而对待工作的积极性和满意度都大打折扣，长期来看，这也是不利于企业发展的。

智猪博弈是一个经典的博弈论例子，描述了在一个两人竞争环境中，如何通过策略选择达到均衡状态。

在这个模型中，通常有一个大猪和一个小猪，它们居住在一个猪圈里。猪圈的一端有食物槽，另一端有控制食物供应的按钮。按下按钮可以释放食物到食槽中，但按下按钮的猪需要付出成本，并且会先失去对食物的控制。智猪博弈的核心在于，小猪倾向于等待大猪去按按钮，因为它知道如果自己先按，它和大猪的收益比会更低。而如果大猪先按，小猪可以吃到大猪吃剩下的食物。因此，在这个博弈中，小猪有等待的动机，而大猪则需要权衡按按钮的成本和收益。

智猪博弈也揭示了"搭便车"现象，即一方可以享受另一方付出的成果。在这个例子中，大猪可能会因为小猪的等待行为而选择去按按钮，即使这意味着它会先失去对食物的控制。

第一种解决方案：减量。当投放的食物只相当于此前一半的量，那么大猪和小猪都不会去踩踏踏板。因为如果大猪去踩踏踏板，那么小猪就会趁此机会吃光所有的食物；如果小猪去踩踏踏板，那么大猪也会趁此机会吃光所有的食物。为此，大猪和小猪都不愿意去踩踏踏板，因为它们都缺乏踩踏踏板的动力，也不愿意付出努力的结果只是为对方提供食物。这相当于对整个团队不采取考核措施，所以所有团队成员都缺乏工作的动力。

第二种解决方案：增量。既然减半投放食物会导致大猪和小猪都不愿意踩踏踏板，那么接下来要尝试投放双倍的食物。如此一来，不管是大猪还是小猪，谁想吃食物，谁就可以去踩踏踏板。因为食物极其丰富，超出了所需，所以小猪和大猪都吃不完食物，因而它们不会为了争夺食物而竞争。在团队建设中，如果每个人无论工作表现如何，做出的贡献是大还是小，都能得到丰厚的报酬，那么大家就不会产生竞争意识。但是，这个方案需要付出极高的成本。

第三种解决方案，移动位置。如果把投食口移动到踏板旁边，那么无论是大猪还是小猪，都会不顾一切地抢着踩踏踏板，每次踩踏板所得到的食物，正好够一次的食量。由此可见，只有多劳动者才能得到更多的食物，等待他人踩踏板者则没有机会吃到食物。这种考核方式不需要付出很高的成本，却能得到最大的收获，但这种考核方法缺乏绝对公平性，无法让所有人都感到公平。实际上，不管是哪种考核方法，都不可能做到绝对公平。

在企业中，从理论的角度来说，绩效考核属于有限次数重复博弈。但从实际的角度来说，因为考核的次数比较多，大多数员工从业的时间比较长，而且无法预测员工将会在何时选择离职，所以可以把绩效考核视为无限次数重复博弈。总之，每一家公司内部都要形成合理的权力分工和工作分工。一则，可以降低主管的考核压力，从而让主管在部门的日常管理中投入更多的时间和精力，并得以维持专业发展；二则，把一部分考核工作绩效的权力下发给员工，能激发员工的工作热情、积极性和主动性，从而大幅度推动公司的人力资源管理向前发展，更加合理和优化。

从本质上来说，考核与被考核是博弈关系的一种。不管是对于公司而言，还是对于员工而言，都很有必要建立合理的考核制度，从而使得公司和员工的利益都能实现最大化。

职场实战中，合作至关重要

在职场实战中，最初级的办法就是依靠自己的实力参与生存竞争，例如，猎豹习惯于独自行动，依靠奔跑速度捕获猎物。尽管猎豹的奔跑速度在所有动物中位列第一，但是猎豹的种群发展却始终受到限制。和猎豹相比，豺狗等肉食动物成群狩猎，繁衍速度很快，数量更多。由此可见，在生存竞争中，更高级的办法是建立联盟和参加联盟。人类无疑是最具有代表性的，因为一个人的体力毕竟是有限的，所以要靠着开展合作的方式赢得竞争，在与其他动物的博弈中获胜。

职场上，大多数竞争都是如此。一个人即使能力再强，也不可能仅仅依靠单独打斗就获得发展的平台和广阔的空间。作为个人，要把自己像一滴水融入大海一样融入团队，只有依托于团队，个人的力量才会放大，个人的能力才能增强。尤其是在职场上，个人必须依靠合作，才能提升竞争力。

有一家公司正在招聘高层管理者。在上百名应聘者中，十二名应聘者脱颖而出，进入了最终面试。老板是最终面试的面试官，他把这十二名应聘者随机分成三组，第一组负责调查本市的男性用品市场，第二组负责调查本市的女性用品市场，第三组负责调查本市的婴幼儿用品市场。对于调查的要求，老板说得非常中肯："我们需要的是开发市场的专业人士，所以你们必须表现出敏锐的观察力和深刻的洞察力。通过完成这次的任务，我将会考察你们能否适应新行业。记住，所有人都必须全力以赴，发挥最高水平完成任务。此外，我已经安排助理为你们准备了行业资料，你们可以按需取用。"

说完，老板就让这些面试者以小组为单位出发，去进行相关的市场调研了。三天之后，助理把十二份市场调研的报告送给老板。老板看完之后，走到第三组人员面前，面带微笑地夸赞道："不错，你们四个人发挥了团队合作的精神，圆满地完成了任务。可以看出，你们的资料是非常齐全的。"就这样，老板当即决定聘用第三组的四个人，而把其他两组的人员都淘汰了。原来，老板真正想要看到的是团队成员之间团结协作，不争功抢功，而且能够扬长避短，齐心协力完成市场调研任务，把个人利益与团队利益最大化。

在这个事例中，第一组和第二组的成员之所以被淘汰，是因为他们只顾着表现自己的能力，而忽视了队友的存在，更没有发挥队友的重要性。对于任何一家现代企业而言，要想成功发展，不断壮大，就要发扬协作精神。企业，归根结底要以人为本，而要最大限度发挥人的力量，就必须团结协作，把所有人都凝聚成一股绳。从某种意义上来说，现代企业发展的保障就是合作的意识和精神。

在辽阔的大草原上，生活着各种各样的动物，其中，人和秃鹫是最为独特的。和其他动物比起来，人处于食物链的顶端，是万物的灵长。而秃鹫呢，则飞翔在高空中，俯视着地面上的一切，有着犀利的眼神和锋利的爪子。那么，人和秃鹫又有什么不同呢？人生活在地面上，之所以能够超越自身视野的局限，了解更广阔范围内发生的所有事情，是因为人与人之间有着密切的联系，也始终坚持合作，通过语言进行信息交流。比起人的群体合作，秃鹫则是孤独的，通常只依靠自身的力量和高高在上的敏锐观察力，就能对草原上正在发生的所有事情都了如指掌。它是食肉动物，却不具备捕捉猎物的能力。那么，它如何生存呢？事实上，因为俯瞰草原，它总是能在第一时间发现其他动物正在进行的狩猎活动，然后再凭着有力的翅膀及时赶到现场，从各种猛禽口中抢夺一些肉类食物。此外，秃鹫的体型并不庞大，所以食量也相对比较小。因此，即使狮子、老虎等猛兽被秃鹫抢夺了一部分猎物，剩下的猎物依然够它们食用。

在漫长的进化过程中，秃鹫形成了这样独特的生存策略，而且成功地生存了下来。作为职场人士，我们很有必要从秃鹫的生存法则中获得启发。对于那些具备高超的专业技能，习惯于独立完成工作的职场人士而言，他们在某种意义上与单独行动且与其他同类从不进行联系的秃鹫有一定的相似性。然而，职场人士切勿因为缺乏与他人的信息交流，且习惯于独立工作就鼠目寸光，缺乏全局视角。要想在职业生涯中获得更好的发展，我们一定要学会站在制高点通观全局，也要具有敏锐的洞察力，捕捉到各种蛛丝马迹。换言之，职场人士要时刻密切关注与工作相关的事情和信息。此外，对待工作还要高度机动灵活，善于借助他人的力量达到自己的目的，圆满地完成任务。

总而言之，在职场实战中，每时每刻都在博弈。作为职场人，我们要保持高度的职业敏感性，也要随机应变对待工作，尽量实现自身的利益最大化。面对博弈，我们更是要摆正自己的位置，这样才能最大限度发挥自身的能力，创造属于自己的生存奇迹。

第七章

婚恋中的囚徒困境

爱情是赐予人类最美好的礼物，爱情也是一场如同游戏的博弈。在爱情中，如果能够驾驭博弈的规则，就能成为真正的赢家。这需要我们学会与爱人合作，学会与爱人齐心协力经营爱情，还要在必要的情况下与暂时变身"敌人"的爱人周旋。唯有学会闪转腾挪，我们才能突破爱人的爱情围剿，与爱人一起享受浪漫甜蜜的爱情。

婚姻中夫妻发生摩擦是常事

在婚姻生活中，虽然夫妻之间都为了小家的共同利益而努力奋斗，然而，在某些情况下，依然很难面面兼顾，这就需要夫妻双方做出取舍。男性和女性重视的东西是不同的，例如，男性更加理性，女性则偏向于感性，由此往往会引起男性与女性的博弈。

琳娜和晓枫是一对恩爱的夫妻。他们在沈阳和海南的两个家里轮流居住，因为他们的工作都是比较自由的。每到寒冷的季节，他们就去海南享受阳光，每到炎热的季节，他们又去沈阳感受凉爽的夏日。不过，最近他们遇到了一个难题。原来，晓枫因为工作原因将常驻北京，而已经习惯了舒适度过所有季节的琳娜却不愿意去空气干燥的北京。当然，她也不愿意和晓枫两地分居。这可怎么办呢？

于是，琳娜提出让晓枫放弃这个工作机会，晓枫不愿意，提出以扔硬币的方式解决问题。但是，琳娜认为这太过草率了。在经过几次商讨之后，琳娜和晓枫一致决定，先由琳娜陪着晓枫去北京度过秋冬，再由晓枫去海南陪伴琳娜度过春夏。这样一来，虽然琳娜和晓枫都要做出一定的牺牲，但是却能维系夫妻感情，继续保持亲密无间的良好婚姻状态。

在婚姻生活中，夫妻博弈常常发生。很多夫妻与琳娜、晓枫一样面临两地分居的大难题，很多夫妻则为日常生活中琐碎的小事而烦恼。例如，现代社会中很多年轻人都留在上大学的城市里工作，寻找到的人生伴侣来自与自己不同的地方，因而在饮食习惯、生活习惯等方面存在巨大差异。面对这样的小小摩擦和不协调，一定要分清楚轻重主次，不要为不值一提的小事情而伤害夫妻感情，损害夫妻关系。

小丽和小杜刚刚结婚没多久，就频繁地爆发争吵。其实，他们之间并没有不可协调的矛盾，只是因为生活习惯的不同，而无法做到互相包容，互相理解。最让他们抓狂的是吃饭的问题。小杜是广州人，吃饭讲究清淡，不喜欢浓油赤酱，而小丽则是四川人，每顿饭都离不开辣椒，没有辣椒就吃不下去饭。每到小丽做饭时，她就会把饭菜做得很辣，小杜压根吃不下去；每到小杜做饭时，饭菜就很清淡，小丽总是嫌弃寡味，不愿意吃。就这样，他们一到吃饭的时候就吵架，后来索性各做各的，谁也不愿意管对方的饭。

有一次，小丽打电话向妈妈抱怨这件事情，妈妈劝说小丽："小丽,你既然与小杜结婚了,成为一家人,在一个锅里吃饭,就不能只考虑自己的口味。你想,你喜欢吃辣,可以加辣椒酱,但是小杜不能吃辣,你把饭菜做得那么辣,他根本没法吃啊!"在妈妈的开导下,小丽终于决定解决问题。她为自己购买了很多不同口味的辣椒酱,然后开始学习做广州菜。这天晚上,小杜回到家里正准备给自己做饭,惊讶地看到饭桌上摆放着四个菜,全都是不辣的,还摆放着一小碟辣椒酱。吃饭的时候,小丽夹起任何菜都先放到辣椒酱里蘸一蘸。小杜看在眼里,感动在心里。次日,轮到小杜做饭了,小丽把辣椒酱端上桌时,发现桌子上摆放的都是她爱吃的菜,毛血旺、回锅肉、麻婆豆腐等。在这些菜的旁边,还摆放着一碗清水。小杜每夹起一筷子菜,都会放在清水里过一过再吃。小丽感动极了。

后来,不管是小丽做菜,还是小杜做菜,总会有两个不辣的菜和两个辣的菜,还会有一碟辣椒酱和一碗清水。渐渐地,小丽觉得广州菜清淡爽口很养生,小杜则觉得四川菜麻辣鲜香很过瘾。几年之后,他们再也不用刻意做辣的菜和不辣的菜了,他们的婚姻生活也变得越来越和谐幸福。

原本陌生的男人和女人被月下老人牵线相识相知,共同组建了一个家庭,在一个锅里吃饭,在一个屋檐下生活,因而难免会有各种矛盾和摩擦。只要本着相互理解和包容的原则，致力于齐心协力建设好共同的小家，那么这些矛盾和摩擦就都是可以消除的。

当面对两难的选择时，我们不妨画一张表格，分别列出不同选择的所有优点和缺点，从而最终作出决定。很多人都曾经用过这个方法决定是否结婚，详细列举结婚的好处，也列举单身的好处，最终发现还是结婚更好，因而选择结婚。

在有些情况下，还可以采用单纯策略，从而争取得到更好的结果。在很多博弈中，当参与方无法果断取舍，那么双方就会为了维护自身的利益而僵持不下，谁都不愿意做出任何让步，最终面临两败俱伤甚至同归于尽的局面。这时，我们可以让局外人进行选择，再私底下分别告诉决策双方应该采取怎样的做法。需要注意的是，负责选择的局外人要对某个策略将会如何影响另外一方保密。具体做起来，这是有一定难度的，但是为了解决问题，我们必须全力以赴克服困难。

爱情的选择题

对于所有人而言，在爱情中一见倾心，两情相悦，当然是很幸运的。遗憾的是，月下老人最喜欢捉弄人，爱神丘比特也喜欢乱点鸳鸯谱，所以爱情中常常出现混乱和交错的现象，比如一个人喜欢另一个人，另一个人却不喜欢他，而喜欢别人。如此一来，人就会爱而不得，苦苦追求自己喜欢的人没有结果，却又被喜欢自己的人追求，而不知道应该如何拒绝。对于很多事情，人们都希望拥有选择权，可以在诸多选项中做出最优选择，但是对于爱情，拥有太多选择权意味着他们爱得还不够投入，也不够坚定，意味着他们没有全身心地投入爱情，而是在以很多客观的条件作为标准进行比较和权衡。

在轰轰烈烈的爱情中，相爱的人如同飞蛾扑火，不会考虑各种外界的因素，而只需要遵循心的指引，做出爱的唯一选择。然而，爱情是很微妙的，缘分深厚的人在爱神的指引下一起投入爱情自然是幸运的，出于各种考虑而选择与最合适的人结婚也是正常的人生现象。面对爱的选择题，我们也要慎之又慎，毕竟一旦爱情出现问题，我们是没有机会重新来过的。有些人在婚姻中栽了大跟头，正是因为他们不懂得经营爱情，也不能掌控爱情的各种规则。

选择爱人时，我们必须全心全意，而不要被各种外部因素困扰和迷惑。尤其是当有几个备选人，或者是不明确自己的心意时，我们更是要静下心来，全神贯注地思考和抉择，现代社会中，很多年轻人对待爱情的态度是功利的，他们想要借助于爱情改变人生，抉择命运。如此一来，爱情就变了味道，与房子、车子、金钱、户口等各种乱七八糟的因素混为一谈。这些因素固然会影响我们生活的质量，比起爱情，却不是最重要的，反而会蒙蔽我们看待爱情的眼睛。要想获得真正的爱情，我们就一定要火眼金睛，找出真正适合自己的爱人，也就是我们的爱情博弈对手。在琐碎的生活中，如果两个人是真心相爱的，且感情非常深厚，那么他们就能在产生分歧或者发生矛盾的时候互相理解，互相包容，即使生活中充满了柴米油盐酱醋茶的鸡零狗碎，他们也能全力奔赴。反之，如果两个人之间感情很浅，关系疏远，那么哪怕生活相对顺遂如意，也常常会相对无言，既没有共同的话题和语言，也会在彼此之间有小小不愉快的时候无法包容，无法体谅。

这个世界纷纷扰扰，有太多的人和事情都会让我们心烦意乱，也有可能使我们忘却初心。然而，对于爱情，我们一定要坚持最初的梦想，切勿轻易改变择偶标准。

大名鼎鼎的哲学家苏格拉底有很多学生。曾经，有三个学生请教苏格拉底："老师，如何才能找到最好的人生伴侣？"苏格拉底笑而不语，带着所有学生来到一块麦田里。他对学生们说："现在，你们沿着田埂朝前走，记住，只能朝前走，绝对不能后退。在从这头走到那头的过程中，你们有且只有一次机会摘取一株你们认为最大最好的麦穗，一旦摘了，就不能后悔。"

学生们不知道苏格拉底的用意，但都认为这个游戏很有趣，因而他们当即笑着从田埂上出发。有的学生才刚刚走到田地里，就发现了一株最好的麦穗，因而赶紧把麦穗摘下来。但是，当他继续往前走，发现前面有更大更好的麦穗时，他开始懊悔沮丧，不断唉声叹气，就这样走完了全程。有的学生很聪明，知道前面有可能遇到更好的麦穗，因而始终没有下定决心摘取遇到的好麦穗。结果，他们不知不觉间走到了田埂的那头，眼看着就要空手而归了，因而只好在到达终点之前，仓促地摘取了一株不那么合心意的麦穗，自然也是满心遗憾。有个学生很好地把握了节奏，在走到田埂中间位置时，他经过仔细比较和权衡，果断地摘取了自己遇到的最大最好的麦穗，此后他再也不看其他麦穗，径直走到田埂尽头，丝毫不感到遗憾。

他认为自己已经尽量摘取了最好的麦穗，所以感到非常满意。

摘麦穗何尝不像是在人生的情场上博弈呢？对于绝大多数人而言，人生中只有一次结婚的机会，有些人还没有完全成熟，甚至不知道自己想要怎样的伴侣和人生呢，就仓促地一头扎入婚姻中，后来未免会因为遇到更好的人而感到后悔，甚至因此而费心伤神地离婚。有些人对待婚姻的态度过于慎重，必须找到十全十美的爱人才愿意走入婚姻的殿堂，却不知道这个世界上根本没有绝对的完美，为此他们挑挑拣拣，把自己熬成了大龄剩男和大龄剩女，对待爱情也从主动变得被动，结果常常不如人意。有些人对待爱情的态度是理智的，对于人生的洞察也是很透彻的。他们深知自己不够完美，所以不奢求爱人完美；深知生活不可能完全顺遂如意，因而以包容心对待爱人；深知婚姻总是磕磕绊绊，因此与爱人携手并肩一起前行。他们从不奢望找到最好的爱人，而只想找到最适合自己的爱人，这样往后余生他们就可以与爱人互相欣赏、互相包容、互为促进、共同成长，彼此都变得更加美好。

爱情和人生一样，都是一场博弈，我们要想成为爱情的赢家，就要熟练地驾驭爱情的规则。需要牢记的是，真正的爱情是不分胜负输赢的，我们唯有积极主动地投入爱情，不要斤斤计较，才能成就爱情，成全自我。

"鲜花"为何总爱选择"牛粪"

在形容那些女"强"男"弱"的爱情时，很多人都喜欢说一句话，即"一朵鲜花插在牛粪上"。这里所谓的强弱，指的不是能力、水平等，而是匹配的程度。例如，有些女性的条件很好，却找了各个方面都不如自己的男性，那么大家就会说这个女性是"鲜花"，这个男性是"牛粪"。现实生活中，"鲜花插在牛粪上"的现象非常普遍，这是为什么呢？难道出类拔萃的女性不愿意找与自己条件匹配的男性吗？还是说她们对不如自己的男性情有独钟呢？实际上，这涉及爱情的博弈论。

紫薇人如其名，长得就像一朵花那么美丽，赢得了很多男性的关注和喜爱，为此追求者排起了长队。在众多的追求者中，紫薇唯独对相貌平平、老实木讷的王强和英俊潇洒、帅气多金的张帅特别关注。一些人推断凭着紫薇的条件，一定会选择嫁给张帅。然而，让他们大跌眼镜的是，紫薇最终选择了嫁给王强，而拒绝了张帅的追求。不仅别人想不明白，就连父母也说紫薇一定是被爱情冲昏了头，不知道好与不好了。但是对此，紫薇有自己的想法。

原来，通过一段时间的相处，紫薇发现张帅和自己一样有众多追求者，毕竟张帅各个方面的条件都特别好，不但长相英俊，才华横溢，而且家境优越，根本无须为困扰大多数人的房子、车子发愁。和张帅相比，王强的条件就太一般了。王强的父母能给他的经济支持很少，王强研究生毕业后用了五六年的时间，才省吃俭用积攒出很少的首付款，在父母倾其所有的资助下，贷款购买了一套八十多平的两居室，每个月都要拿出三分之二的薪水偿还月供。但是，王强老实本分，下班直接回家，从来没有乱七八糟的社交关系，更不像张帅那样招蜂引蝶。最重要的是，他很专情，竭尽所能地对紫薇好，愿意把自己的所有都给紫薇。为此，对于家人和朋友的不解，紫薇说："我这个人比较'贪心'，我只想得到一个人的全部，而不想得到一个人的一部分。哪怕一个人的全部还没有另一个人的一部分那么多，我也愿意选择全部。"就这样，紫薇毫不犹豫地嫁给了王强，他们婚后的生活蜜里调油，幸福无比。

其实，紫薇并非像大家所说的那样被爱情冲昏了头脑，反而是非常理性地进行了全面思考。现代社会，每个人都面临着各种各样的诱惑，作为单身人士，自身的条件越好，追求者也就越多。紫薇当然明白这个道理，所以她不想未来结婚之后还要与那些对张帅虎视眈眈的女性斗智斗勇，她只想嫁给真正的爱情，和所爱的人关起门来，过好三餐四季的小日子。

归根结底，随着时间的流逝，青春美貌都会老去，唯有真正的爱情才能长久地保鲜。有些女性面对自己所爱的人和爱自己的人，最终会选择爱自己的人，因为单纯地爱一个人是很辛苦的，如果注定不能拥有两情相悦的爱情，那么被爱则是幸福的。人的本性就是趋利避害，这也是为何美女喜欢选择条件平平的男性的原因。

从博弈论的角度来说，同样是追求自己喜欢的女孩，有追求者的男性全心投入的成本很高，而没有追求者的男性则成本相对较低。这是因为当男性的追求者众多，他却全心全意只追求未必喜欢自己的女性时，那么一旦他被该女性拒绝，就很有可能"赔了夫人又折兵"，因为那些追求他的女孩也许此刻已经放弃了他。相比起这样的男性，没有追求者的男性会更加投入地追求自己喜欢的女性，因为他们完全没有后顾之忧，无须担心自己会因为追求其他女性，而被众多追求者彻底放弃。因为目标明确，也因为一心一意，所以他们追求的攻势会更加猛烈，他们也会表现得更有耐心。只要男性足够有耐心，也愿意全力以赴，那么就有极大可能打动女性的心，赢得女性的好感和青睐。

对于求爱不得的男性而言，他们很有可能在受到小小的挫折和打击之后，马上转而接受其他女性的追求。毕竟和煞费苦心地追求他人却被拒绝相比，被追求的感受是更美好的。有些男性还会选择娶一个喜欢自己而自己没有很喜欢的女性，享受对方的浓情蜜意。

所以，不要再因为"鲜花插在牛粪上"而感到奇怪了。这是因为"鲜花"宁愿嫁给"牛粪"汲取营养，也不愿意嫁给只能当花瓶、中看不中用的俊男。这种现象完全符合理性，是很多人都会做出的明智选择。

感情去与留的难题

当我们以博弈论看待爱情，就会发现爱情其实是"囚徒困境"的陷阱。在这个世界上，尽管人人都憧憬和向往爱情，但是通往爱情的路上总是阻碍重重。

如果说爱情是一场博弈，那么参与爱情的双方在各个方面总会有不同。例如，一个条件优秀的女孩与一个条件普通的男孩相爱了，或一个条件优秀的男孩与一个条件普通的女孩相爱了，那么其中条件优秀者会有更多的追求者，也会面临更多更好的选择，在这种情况下，被崭新的爱情冲昏头脑的一方可能会迫不及待地离开，这未必是因为新的追求者更加适合他们，而有可能只是因为新的追求者比条件普通者更优秀，或者是新的追求者不像条件普通者那样有他无法接受的缺点和不足。因为急迫，他们没有时间细想，也没有时间从容地权衡，他们一心一意只想结束此前的爱情，而开始崭新的恋爱。这个时候，条件平庸者也许会想方设法地挽留对方，殊不知，越是如此，对方越是想要加速离开，因为他们生怕被纠缠或者被挽留。

从"囚徒困境"的博弈角度进行分析，恋人之间要么地久天长，要么另寻新欢；要么无情抛弃，要么和平分手。然而，地久天长是可遇不可求的，另寻新欢往往是违背道德的，无情抛弃是令人心碎欲绝的，而和平分手则是很残酷的。现实生活中，所有人在恋爱期间发誓次数最多，说出的誓言最多。由此可见，所有恋人都想得到对方的信任，也想表现出自己的忠诚，从而两情相悦，地老天荒。然而，当感情出现变数时，变心者最初往往仍会假称忠诚，造成双方信息不对称，导致"等闲变却故人心，却道故人心易变"的怨恨之情。

我们会发现，恋爱中的人就和困境中的囚徒一样，囚徒在被警察抓捕后没有办法互相沟通，签订盟约，退一步而言，哪怕他们能够签订盟约，也不能保证自己绝对不会背叛对方，毕竟在利益的诱惑下，人自私的本性就会暴露出来，为了利益而毁约也就不足为奇了。恋人们也处于这样的困境之中，有些异地恋人就像是被隔离审查的囚徒，彼此之间隔着万水千山，仿佛违背誓言的成本低到可以忽略。因此，他们以放弃爱情誓言的方式走出囚徒困境。当然，这只是从囚徒困境的博弈角度分析爱情。从现实的角度来看，很多相爱的人都修成正果，过着幸福甜蜜的生活，长相厮守，情投意合。所以说，爱情是没有正确答案的。每个人的筹码、对手、目标都不一样，但要想收获幸福甜蜜的爱情，我们可以尝试以下的博弈原则。

第一点：要满怀善意地对待恋人。

第二点：要心怀宽容地对待恋人。这里所说的宽容，除了要包容对方的缺点和不足之外，还要能够包容对方偶尔的心猿意马。一个人如果眼睛里揉不得沙子，就会发现在漫长的生活中，绝对忠诚和完美的恋人是不存在的，所以只有学会包容，爱情和婚姻才能更加长久。

第三点：对待恋人也要有底线。为何要有底线呢？这是因为一味地委曲求全，无法有效地约束和限制恋人，更不可能从恋人那里得到相应的回报。例如，要限制对方与异性相处时不能胡搅蛮缠，当意识到对方真的犯了原则性错误时则坚决不能姑息，等等。但同时，要讲究发脾气闹情绪的分寸，切勿得理不饶人。

第四点：简单地对待恋人。虽然爱情是一场博弈，但是如果在爱情中运用太复杂的策略，就会使双方都感到无所适从，也会使恋爱关系摇摇欲坠。归根结底，爱情是要以互相尊重、彼此理解和信任为基础的，而不要钩心斗角，态度忸怩。很多恋人正是因为彼此遮遮掩掩，不愿意坦诚相对，所以产生误解，最终分道扬镳，这当然是令人遗憾和惋惜的。所以，在爱情中，我们要当一个简单的人，把爱和委屈全都大声说出来，帮助对方了解自己，也加深对对方的了解。

第八章

商场如战场,博弈不停息

所谓博弈，从本质上而言，就是各参与方斗智斗勇，目的在于实现长期的最大化利益。在相对完善的经济制度下，对于参与双方而言，博弈都是公平的，因而通常情况下实力更强、技高一筹的那一方能够取胜。简言之，就是遵循"优胜劣汰""胜者为王"的法则，这是商业领域中最基本的生存法则。

每时每刻都要关注亏损情况

和赚多少钱相比,我们更应该关注的是亏损情况。这是因为唯有计算出损失所占的比例,才能做出应对。

其实,在投资股票的过程中,想方设法地减少损失是最重要的,只有首先把损失降到最低,才能考虑获益。从某种意义上而言,对于股票投资来说,最基础的步骤就是减少损失。因而每一个真正强大的炒股者,并不是一味地盯着赚钱,急功近利地想要获取更多收益,而是着眼于减少损失,控制损失。

我们可以用简单的例子来考察损失与收益之间的关系。小雅是一名四年级小学生。在经过几年的小学学习之后,她终于养成了良好的学习习惯。此前,她各次考试平均分只有80分,现在她有效地提升了学习效率,使平均分变成了90分。这样的进步是很令人瞩目的。在这样的情况下,如果小雅更加努力地学习,把学习时间增加10%,那么她的平均分将会继续水涨船高,变成100分吗?当然不能。要知道,小雅之所以能顺利地把平均分从80分提高到90分,是因为她减少了错题的数量,把原本因为粗心等丢失的分数全都得到了。但是，当她的平均分已经到达90分时，想要继续减少丢分，会变得异常艰难。要想使平均分上升到95分，就要让丢分从10分变成5分。为此小雅可能需要付出两倍的时间用于学习，才能把平均分提升到95分；而要从95分提到100分，则意味着她不能在任何一次考试中出现一个失误，这绝不是通过增加学习时间或提升学习效率就能实现的。

对于学习，很多人总是认为自己只差一点点火候，所以会想当然地认为，自己只需要再多付出一些时间用于学习，就能获得满分。然而，一味地关注如何获得更多的分是进入了误区，要想有效地提升学习成绩，我们就要更加关注怎样减少丢分。学习如此，经济领域的生产和经营更是如此。对于生产各种产品的企业而言，唯有降低次品率，才能提升产品的质量，提高利润率。筛查次品不仅是为了提升产品的整体质量，也是为了发现问题，解决问题。只有找到次品，明确究竟是哪个生产环节出现了问题，工人们才能制定相应的策略解决问题。在生产的过程中，和制作产品所耗费的时间相比，寻找和明确问题甚至需要花费十倍的时间。毫无疑问，次品本身，以及寻找次品和改进生产所耗费的时间，都是企业的损失。

由此可见，和赚取利润相比，关注和减少损失是更重要的。但同样作为损失，其严重性也是不同的。例如，日本经济泡沫刚开始破灭时，股价从1000日元降低到750日元，炒股者们并不以为意，也不认为随即将会发生严重的亏损。然而，股价继续下跌，很快就从750日元降低到500日元。那么，股价同样是下跌了250日元，究竟哪一次下跌更加严重呢？显而易见，第一次下跌的幅度是百分之二十五，而第二次下跌的幅度则高达百分之三十三。所以，第二次股价下跌是更加严重的。

因此，在关注亏损的时候，除了要关注亏损的绝对值之外，还要关注亏损的比例，亏损的幅度远远比亏损的绝对金额更加重要。每个人都应该养成计算亏损占比的好习惯。

在计算出损失的占比之后，我们就会知道损失是否严重。在面对无法挽回的严重损失时，又该如何做呢？毫无疑问，和获得的收益相比，严重的损失是更糟糕的。例如，炒股的人即使没赚钱也不会无法承受，但是一旦投入股市的本金损失惨重，那么就面临着破产的危机。在股票市场中，很多巨头公司的股票价格既有可能增长到数倍于原始股，也有可能跌至只有原始股的几分之一。当股票价格跌至原始股的百分之一时，则意味着必须增长100倍，才能回归原始股的股价。所以，很多明智的炒股者始终保持冷静的头脑，在意识到股票的行情不好时，他们哪怕明知道卖掉股票亏损严重，也会本着及时止损的原则抛售股票。

不要把鸡蛋放在一个篮子里

所有类型的投资都是有风险的，也会时刻处于波动的状态。为了尽可能地减少损失，我们很有必要分散风险。

很多投资人士都知道，不能把所有鸡蛋都放在同一个篮子里。我们不管是进行商业经营，还是投资股票，都要有效减少风险。尤其是在股市中，股票行情瞬息万变，具有极大的不确定性，因而分散风险就显得更加重要。我们必须学会以"投资组合"的方式进行思考，坚持分散风险的原则和策略。直白地说，投资组合就是一种投资策略，总体的原则就是分散资产，减少和降低风险。

一般情况下，我们在进行投资组合时要把所有资产分成不同的组成部分，如储蓄、有价证券和不动产等。针对不同领域的资产，我们需要进行分开管理。举个例子，如果你有三百万人民币，而且你决定将其投资于股票市场，那么你要如何规划和分配呢？你可以进行不同的规划。

第一种规划方案：把三百万元人民币都投资于某一只

股票。

第二种规划方案：用三百万人民币购买至少三只股票。

针对这两种不同的投资方案，你认为哪一种方案更好呢？有些人特别看好某一只股票，他们也许是为了打理起来比较省事，无须关注更多信息，也许是得到了小道消息，坚定不移地相信某只股票必然会大涨特涨。而如果你想到了本文所强调的原则——不要把所有鸡蛋放在同一个篮子里，那么你很有可能意识到应该选择第二种规划方案。如此一来，当其中某一只股票大涨特涨时，你获得的收益会因为另外两只股票表现平平而变少，但是换一个角度来想，分散投资帮助你在某一只股票严重下跌时减少了损失。记住，减少损失比获得更多收益更加重要。我们所追求的更多收益，应该是以尽量减少损失为前提的。平均投资三只股票，哪怕一只股票的公司破产，只要剩下两只股票上涨幅度达到50%，那么就能保本。平均投资四只股票，哪怕一只股票的公司破产，只要剩下三只股票上涨幅度达到33%，那么就能保本。平均投资五只股票，哪怕一只股票的公司破产，只要剩下四只股票上涨幅度达到25%，那么就能保本。由此可见分散风险的重要性。

坚持分散投资的组合策略，一则能够分散风险，二则能够提高收益,重点在于怎样分配资产,从而既减少风险,也保证增加资产。任何情况下,坚持合理投资配置、减少投资风险,都是至关重要的。

如何分配蛋糕

有人把整个市场形容为一个大蛋糕，那么在商场的博弈中，如何分配蛋糕则是每个人都特别关心和关注的问题。

在很多领域中，都有分蛋糕的故事。例如，在国际政坛中，在商业领域中，在日常生活中，都需要分配整体利益，或者是进行讨价还价的博弈。我们不妨把整体利益想象成一个大蛋糕。众所周知，把两块蛋糕平均分成两份，让对方先挑选其中一份，最能够保证收益分配的公平性。但是，如果负责切蛋糕的一方一不小心把蛋糕分成一块大蛋糕和一块小蛋糕，那么先挑选蛋糕的一方必然获益。为此，负责切蛋糕的人必须保证把两块蛋糕切得一样大。然而因为切蛋糕很容易不够平均，所以双方都不想负责切蛋糕，只想优先挑选蛋糕。但是，因为继续僵持下去只会得不偿失，所以在究竟由谁负责切蛋糕这个方面，双方并不会僵持很久，否则就会导致收益缩水。

收益缩水的方式和速度是不同的。例如，我们正在准备分配的是一个冰激凌蛋糕，那么当我们为了分配问题争吵不休的时候，蛋糕就会开始融化，甚至彻底化作一摊水，最终谁都得不到冰激凌蛋糕。作为博弈双方，显然不想看到这样的情况出现，为此就要加快速度进行分配。如果博弈双方中有一方主动提出分配蛋糕的方法，另一方表示同意，那么他们将会按照这个方案分配蛋糕。反之，如果另一方不同意，那么双方就将继续争执，最终蛋糕彻底融化，谁也得不到蛋糕。

在博弈的过程中，主动提出分配方案的一方处于有利地位，被动的那一方只有接受分配方案，才能有所获得。倘若拒绝接受分配方案，那么很有可能毫无所获。这使得主动的那一方具有绝对的优势地位，因为他提出的分配方案将会决定对方是获得一小部分蛋糕，还是毫无所获。从理智的角度来说，哪怕主动的一方只允许被动的一方吃一些蛋糕碎屑，对方也只能表示同意，否则他就连蛋糕碎屑也得不到。然而，被动的那一方当然不愿意只得到很小部分的蛋糕，因而会要求重新分配。在这种情况下，针对分蛋糕进行的博弈就变成了动态博弈，而非一次性博弈。由此一来，在分蛋糕的过程中，博弈双方必然讨价还价。

在经济生活中，大到国家与国家之间的贸易，小到老百姓购买日常生活用品，都充满动态博弈。

很久以前，有个读书人穷困潦倒，为了维持生计，不得不把自己珍藏的一幅字画卖给富商。读书人认为这幅字画价值1000两，而富商认为这幅字画顶多值500两。不过，他们都只是在心中默默地给这幅字画估价，而没有公开估价。由此看来，如果这幅字画能够顺利成交，那么价格将会介于500两到1000两之间。

如果富商首先开价，读书人可以选择接受富商的价格成交，或者是给出一个新的价格，与富商讨价还价，还可以选择拒绝富商的出价，那么这次交易也就宣告结束。

这个动态博弈的过程可以分为两个阶段。因为富商认为这幅字画的价格值500两，所以如果读书人开出的价格不高于500两，那么富商就会接受。但是，读书人坚持认为这幅字画价值1000两，所以对于富商给出的低于500两的价格，读书人很有可能表示拒绝。如果富商给出的价格是900两，那么读书人有可能选择接受，也有可能选择拒绝。在被读书人拒绝之后，富商还有可能给出950两的价格购买这幅字画。但作为卖方，读书人当然愿意以更高的价格出售这幅字画。为此，读书人会让富商先开价，由此与富商开展讨价还价的动态博弈。

毫无疑问，当富商先开出价格，读书人就占据了后出价的优势。如果他在整个博弈的过程中最后提出条件，那么他就占据很大的主动性。实际上，如果富商懂得博弈论，那么就可以改变博弈的策略，要么接受对方让他先出价的请求，但是不允许对方讨价还价，要么选择后出价。当得知富商不愿意讨价还价，而只出一次价格，那么只要富商所出的价格接近读书人的心理价位，读书人就会选择接受，否则他就只能继续持有字画而忍饥挨饿。

当在讨价还价的过程中运用博弈论，我们就会发现先开出价格的一方占据先发优势，后开出价格的一方则占据后发优势。在商场竞争中，很多人急切地想要购买到某种物品，因而会以略高的价格购置某种物品；很多销售人员急切地想要卖出商品，因而会以略低的价格出售商品。正是基于这样的博弈心理，很多拥有丰富购物经验的人，才会选择闲逛商场，哪怕他们迫不及待地想要购买某件商品，也绝不会当着销售员的面表现出急迫。同样的道理，有些销售人员富有销售经验，总是告诉顾客他们所看中的衣服只剩下最后一件了，由此促使顾客下定决心购买。

总而言之，讨价还价是博弈，要想在博弈中胜出，就要学习和掌握博弈论，也恰到好处地运用博弈论。

价格战是激烈的博弈

在针对价格进行的谈判中，博弈总是异常激烈，因此我们可以说价格战是最激烈的博弈。在谈判的过程中，最理想的结果就是共赢。然而，所谓共赢，与我们日常理解的皆大欢喜的结局是完全不同的。哪怕某个交易的目的是共赢，我们也依然会在谈判过程中处于劣势，而对方则在我们不知不觉时悄悄地占据了优势。

若干年前，在美国彼得斯堡，有一家美式足球俱乐部。球员们一直以来都对薪水感到不满，因而开展了一场特别有趣的谈判。在代理人的竭力争取下，老板答应当年就提高球员弗兰克的年薪到52.5万美元。老板接受了这个要求，继而，代理人要求老板必须保证按时支付这笔年薪，老板依然表示同意。但代理人并没有因此感到满足，而是继续对老板提出要求，即要求老板于次年把弗兰克的年薪提高到62.5万美元。老板略加思索，也表示同意。代理人仍未满足，继续要求老板保证按时支付这笔年薪，老板当即推翻了此前达成一致的所有要求，并且拒绝谈判。就这样，弗兰克去了西雅图的一支球队，年薪只有8.5万美元。

代理人在三连胜之后，为何会前功尽弃呢？这是因为他一味地采取进攻的姿态，忘记了谈判的本质是战略性沟通的过程。他没有把握好谈判的节奏，更忘记了见好就收的谈判原则。在任何类型的谈判中，我们既要关注谈判真正的内容，也要始终留意谈判进展的程度。打个比方来说，谈判就像是舞蹈艺术，目的在于解决冲突，而非制造冲突。

人人都生活在充满矛盾和冲突的世界里，为此必须学会运用博弈的理论和技巧，在谈判中获胜。在各种类型的商业谈判中，我们尤其要重视价格、付款和交货日期、付款方式、保证条件等重要的内容，尤其是价格因素，更是决定交易能否成功的关键因素。所以是抢先报价，还是后报价，运用什么方法报价等，都是需要仔细斟酌的。

在博弈过程中，如果你抢先报价1万元，那么对手很难还价到1000元。正因如此，很多销售人员才会刻意把价格抬高。举例而言，对于一件980元的衣服，很少有人能厚着脸皮还价到380元，而实际上销售人员只要卖到280元就感到心满意足了。为此，尽管太高的报价会吓跑一部分消费者，但是只要有一个消费者愿意以980元为基础进行讨价还价，销售人员就能赚取超出预期的高额利润。

需要注意的是，作为销售人员，即使占据报价优势，也不能毫无限度地漫天要价。因为很难有买家愿意以离谱的价格为基础与卖家博弈和协商。虽然抢先报价的确能够占据优势，但是会在无形中泄露很多至关重要的信息，例如，卖家是着急卖，还是卖着玩，是诚心卖，还是只想宰那些不懂得行情的客户。除此之外，抢先报价还能让对方暗暗地把自己心中的价格与你的报价进行比较，继而调整，由此决定接下来的举动：价格合适就拍板成交，价格不合适就再杀价。

通常情况下，如果你准备得非常充分，而且也很了解对方，那么就应该争取抢先报价。如果你在谈判方面是新手，而对方则是高手，那么你必须沉住气后发制人，从对方的报价中获取更多信息，从而对自己心中的价格进行调整。在对方是谈判新手或者外行的情况下，你不管是新手还是外行，都要抢先报价，以起到主导作用，影响对方。此外，根据面对的博弈对象不同，我们也要因人制宜，采取不同的报价策略。例如，面对精明的主妇，我们可以抢先报价，先发制人；面对毛头小子，我们则可以请对方先报价，从而探明对方的虚实。

在讨价还价的过程中，我们还可以不动声色地限定价格范围。例如，告诉对方："我知道您是个行家里手，那么您一定知道这件衣服的进价都超过160元，所以我不可能以低于160元的价格卖给您。"此外，你还可以告诉对方："我今天遇到您算是认栽了，我知道您不可能给我高出200元的价格，但我的确也不能以低于160元的价格卖给您，因为我的进货价就是160元。"第一种话术，把销售价格限定在160元往上，没有规定上限。第二种话术，把销售价格限定在160元到200元之间，限定得更加精确，缩小了对方出价的范围。当我们善于运用话术限定价格，那么交易最终的成交价就会更加符合我们的预期。

参考文献

[1]庞德斯通.囚徒的困境[M].吴鹤龄，译.北京：中信出版社，2015.

[2]蕾西.囚徒困境[M].黄晓亮，译.北京：中国政法大学出版社，2014.

[3]郑也夫.走出囚徒困境[M].北京：中国青年出版社，2004.

[4]诺依曼.博弈论[M].刘霞，译.沈阳：沈阳出版社，2020.

[5]逢泽明.博弈论[M].雷隽博，译.苏州：古吴轩出版社，2022.